青少年人工智能与编程系列丛书

U0275126

跟我学
机器人编程 一级

王肃　郑骏　主编

钟志锋　何玥溪　副主编

清华大学出版社

北京

内 容 简 介

本书主要介绍了机器人的前世今生、机器人能做什么以及机器人的相关技术，涉及机械、材料、传感器、动力来源、计算机控制及程序开发等多门类基础知识，旨在使青少年不仅了解"是什么"，而且知道"为什么"，培养青少年的探究意识和创新精神，提高青少年的计算思维水平，让青少年在学习和研究机器人的基础上，用知识和眼界迎接未来机器人世界。

本书是全国高等学校计算机教育研究会 PAAT 考试推荐使用教材。

图书在版编目（CIP）数据

跟我学机器人编程一级 / 王肃，郑骏主编 . -- 北京：清华大学出版社，2025. 2.
（青少年人工智能与编程系列丛书）. -- ISBN 978-7-302-68264-6

Ⅰ . TP242-49

中国国家版本馆 CIP 数据核字第 2025KC9955 号

责任编辑：谢　琛
封面设计：刘　键
责任校对：刘惠林
责任印制：刘　菲

出版发行：清华大学出版社
　　　　　网　　址：https://www.tup.com.cn，https://www.wqxuetang.com
　　　　　地　　址：北京清华大学学研大厦 A 座　　　　　邮　　编：100084
　　　　　社 总 机：010-83470000　　　　　邮　　购：010-62786544
　　　　　投稿与读者服务：010-62776969，c-service@tup.tsinghua.edu.cn
　　　　　质量反馈：010-62772015，zhiliang@tup.tsinghua.edu.cn
　　　　　课件下载：https://www.tup.com.cn，010-83470410
印 装 者：三河市君旺印务有限公司
经　　销：全国新华书店
开　　本：185mm×260mm　　　印　张：11.25　　　字　　数：272 千字
版　　次：2025 年 3 月第 1 版　　　　　　　　　印　　次：2025 年 3 月第 1 次印刷
定　　价：49.00 元

产品编号：102581-01

编 委 会
Editorial Board

序

为了规范青少年编程教育培训的课程、内容规范及考试，全国高等学校计算机教育研究会于 2019—2022 年陆续推出了一套《青少年编程能力等级》团体标准，包括以下 5 个标准：

- 《青少年编程能力等级 第 1 部分：图形化编程》(T/CERACU/AFCEC/SIA/CNYPA 100.1—2019)
- 《青少年编程能力等级 第 2 部分：Python 编程》(T/CERACU/AFCEC/SIA/CNYPA 100.2—2019)
- 《青少年编程能力等级 第 3 部分：机器人编程》(T/CERACU/AFCEC 100.3—2020)
- 《青少年编程能力等级 第 4 部分：C++ 编程》(T/CERACU/AFCEC 100.4—2020)
- 《青少年编程能力等级 第 5 部分：人工智能编程》(T/CERACU/AFCEC 100.5—2022)

本套丛书围绕这套标准，由全国高等学校计算机教育研究会组织相关高校计算机专业教师、经验丰富的青少年信息科技教师共同编写，旨在为广大学生、教师、家长提供一套科学严谨、内容完整、讲解详尽、通俗易懂的青少年编程培训教材，并包含教师参考书及教师培训教材。

这套丛书的编写特点是学生好学、老师好教、循序渐进、循循善诱，并且符合青少年的学习规律，有助于提高学生的学习兴趣，进而提高教学效率。

学习，是从人一出生就开始的，并不是从上学时才开始的；学习，是无处不在的，并不是坐在课堂、书桌前的事情；学习，是人与生俱来的本能，也是人类社会得以延续和发展的基础。那么，学习是快乐的还是枯燥的？青少年学

习编程是为了什么？这些问题其实也没有固定的答案，一个人的角色不同，便会从不同角度去认识。

从小的方面讲，"青少年人工智能与编程系列丛书"就是要给孩子们一套易学易懂的教材，使他们在合适的年龄选择喜欢的内容，用最有效的方式，愉快地学点有用的知识，通过学习编程启发青少年的计算思维，培养提出问题、分析问题和解决问题的能力；从大的方面讲，就是为国家培养未来人工智能领域的人才进行启蒙。

学编程对应试有用吗？对升学有用吗？对未来的职业前景有用吗？这是很多家长关心的问题，也是很多培训机构试图回答的问题。其实，抛开功利，换一个角度来看，一个喜欢学习、喜欢思考、喜欢探究的孩子，他的考试成绩是不会差的，一个从小善于发现问题、分析问题、解决问题的孩子，未来必将是一个有用的人才。

安排青少年的学习内容、学习计划的时候，的确要考虑"有什么用"的问题，也就是要考虑学习目标。如果能引导孩子对为他设计的学习内容爱不释手，那么教学效果一定会好。

青少年学一点计算机程序设计，俗称"编程"，目的并不是要他能写出多么有用的程序，或者很生硬地灌输给他一些技术、思维方式，要他被动接受，而是要充分顺应孩子的好奇心、求知欲、探索欲，让他不断发现"是什么""为什么"，得到"原来如此"的豁然开朗的效果，进而尝试将自己想做的事情和做事情的逻辑写出来，交给计算机去实现并看到结果，获得"还可以这样啊！"的欣喜，获得"我能做到"的信心和成就感。在这个过程中，自然而然地，他会愿意主动地学习技术，接受计算思维，体验发现问题、分析问题、解决问题的乐趣，从而提升自身的能力。

我认为在青少年阶段，尤其是对年龄比较小的孩子来说，不能过早地让他们感到学习是压力、是任务，而要学会轻松应对学习，满怀信心地面对需要解决的问题。这样，成年后面对同样的困难和问题，他们的信心会更强，抗压能力也会更强。

针对青少年的编程教育，如果教学方法不对，容易走向两种误区：第一种，想做到寓教于乐，但是只图了个"乐"，学生跟着培训班"玩儿"编程，最后只是玩儿，没学会多少知识，更别提能力了，白白占用了很多时间，这多是因为教材没有设计好，老师的专业水平也不够，只是哄孩子玩儿；第二种，选的教材还不错，但老师只是严肃认真地照本宣科，按照教材和教参去"执行"教学，学生很容易厌学、抵触。

本套丛书是一套能让学生爱上编程的书。丛书体现的"寓教于乐"，不是浅层次的"玩乐"，而是一步一步地激发学生的求知欲，引导学生深入计算机程序的世界，享受在其中遨游的乐趣，是更深层次的"乐"。在学生可能有疑问的每个知识点，引导他去探究；在学生无从下手不知如何解决问题的时候，循循善诱，引导他学会层层分解、化繁为简，自己探索解决问题的思维方法，并自然而然地学会相应的语法和技术。总之，这不是一套"灌"知识的书，也不是一套强化能力"训练"的书，而是能巧妙地给学生引导和启发，帮助他主动探索、解决问题，获得成就感，同时学会知识、提高能力的一套书。

丛书以《青少年编程能力等级》团体标准为依据，设定分级目标，逐级递进，学生逐级通关，每一级递进都不会觉得太难，又能不断获得阶段性成就，使学生越学越爱学，从被引导到主动探究，最终爱上编程。

优质教材是优质课程的基础，围绕教材的支持与服务将助力优质课程。初学者靠自己看书自学计算机程序设计是不容易的，所以这套教材是需要有老师教的。教学效果如何，老师至关重要。为老师、学校和教育机构提供良好的服务也是本套丛书的特点。丛书不仅包括主教材，还包括教师参考书、教师培训教材，能够帮助新的任课教师、新开课的学校和教育机构更快更好地建设优质课程。专业相关、有时间的家长，也可以借助教师培训教材、教师参考书学习

和备课，然后陪伴孩子一起学习，见证孩子的成长，分享孩子的成就。

成长中的孩子都是喜欢玩儿游戏的，很多家长觉得难以控制孩子玩计算机游戏。其实比起玩儿游戏，孩子更想知道游戏背后的事情，学习编程，让孩子体会到为什么计算机里能有游戏，并且可以自己设计简单的游戏，这样就揭去了游戏的神秘面纱，而不至于沉迷于游戏。

希望这套承载着众多专家和教师心血、汇集了众多教育培训经验、依据全国高等学校计算机教育研究会团体标准编写的丛书，能够成为广大青少年学习人工智能知识、编程技术和计算思维的伴侣和助手。

清华大学计算机科学与技术系教授　郑　莉

2022 年 8 月于清华园

前 言

Foreword

随着机器人技术的不断普及和发展，机器人编程教育也逐渐成为热门的教育领域之一。机器人编程教育越来越受到人们的关注，同时，机器人编程教材的需求也越来越大。

本书可以帮助学生更好地理解机器人的原理、构造和控制方法，从而培养学生的机器人编程技能。这些技能对于未来的就业非常有价值，因为机器人技术的应用范围越来越广泛，很多企业和组织都需要拥有相关技能和知识的人才。本书也可以帮助教师更好地进行机器人编程课程的教学，提高教学效果和教学质量。随着机器人技术的普及，越来越多的学校和机构开设机器人编程课程，因此需要有相应的教材来支持教学工作。随着机器人技术的不断进步和发展，机器人编程教材也需要不断更新和完善，以适应不断变化的市场需求和技术趋势。因此，机器人编程教材的需求将会持续存在，并且不断发展。

本书以团体标准《青少年编程能力等级 第3部分：机器人编程》（T/CERACU/AFCEC 100.3—2020）为依据，内容覆盖机器人编程一级，共15个知识点。作者充分考虑了一级对应的青少年年龄段的学习特点，主要采用主题活动方式，将知识性、趣味性、实践性和能力素养、信息安全意识培养有机融合，旨在打造一本既适合学生学习，也方便教师讲授的教材。本书是全国高等学校计算机教育研究会推荐的 PAAT 考试用书。

本书为小朋友们提供了18个各具特色、功能各异、趣味十足的学习活动。本书配套的套件产品主题为"逻辑编程大师"，为读者提供特别定制的科技积木和6种工程机械创意搭建方案，读者可以在搭建过程中边玩边学齿轮、滑轮、齿条、连杆、曲柄连杆等零件在机械结构中的应用，还可自由发挥想象，创造出更丰富的创意作品。配套的教材和教具可以在"途道机器人"官方公众号上购买。

现在，跟着我一起走进机器人编程的世界看看吧！首先，会先进入一个与我们生活息息相关的情景，在这里你会发现机器人世界原来离我们的生活这么近，你会想着去探索，发现它的秘密，从而引出探索的欲望。当你发现问题后，就会想着如何解决这个问题，首先明确活动的任务，正式进入搭建环节。你将会根据书上的指引先进行"拼一拼"的详细拼搭步骤，动手搭建出活动的作品。在"拼一拼"过程中，不仅可以学习机器人拼搭结构的知识，还能学习到很多力学、机械学、编程等知识原理。拼搭结束后，你还需要"想一想"如何让这个作品更有趣好玩。接着你就可以启动电机体验一下自己拼搭的作品,通过"做一做"一边探索一边玩,去发现它的运行原理,分享自己的学习成果。然后,将通过"创意比拼"来改造活动作品,让它变得更强大,再次感受机器人世界的奥秘。你以为这就结束了吗? 不! 最后,还有一些你不知道的知识,"查一查"环节会给你普及更多关于机器人的相关知识,或者让你继续探索机器人的奥秘。当做过"做一做"和"创意比拼"后,将活动作品保存下来,并与家人、朋友分享。

整个单元学习完后,我们将会一起用思维导图总结本章的内容,并填写本章的学习收获,进行自我能力测评。

小朋友,你不仅可以跟随着书本学习,还可以观看视频学习资源进行学习哦!

经过以上的测试考核后,你还可以测试一下自己在本章中掌握知识点的熟练程度,并完成"单元练习"!

小朋友,快来和我们一起探索,走进机器人的奇妙世界吧!

本书介绍

目 录

Contents

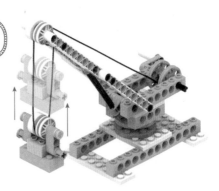

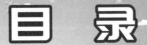

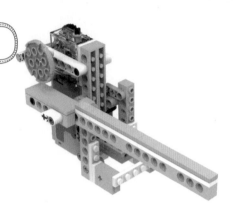

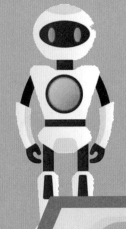

机器人的世界

小朋友，你好！欢迎走进机器人编程的奇妙世界！从这里开始，老师将带领大家学习什么是机器人，机器人有哪些种类，机器人的组成等机器人相关知识。

哇，太好了！老师，机器人不就是和人一样会动的机器吗？我们都知道了，不用学习什么是机器人了。

请说说你们理解的机器人是什么样子的。

这也太简单了！机器人就是像人类一样，有身体、大脑，能模仿人类行动的机器。电影里会变形的车，也可算是一种机器人。

帮助妈妈打扫卫生的扫地机器人，也是机器人的一种哦！还有餐厅里给我们送餐的服务机器人，简直太多了！

小萌，小帅，你们对机器人的理解都很正确，这些都是我们生活中见过并接触的机器人。

什么是
机器人

1.1　什么是机器人

机器人是一种用程序控制、具有类似某些生物器官功能的自动装置，能够移动或者完成某种特定的活动。图 1.1 是一款工业机器人。

机器人可以代替人类从事某些工作，为人类提供帮助，有些复杂的机器人还可以适应多变的工作环境。

图 1.1

相信大家对机器人的定义掌握得很好了！接下来，我们一起来认识机器人的种类有哪些吧！

机器人的种类

机器人是科学技术发展到一定历史阶段的产物。按机器人和人工智能专家波斯佩洛夫的说法："科学始于分类。"

那么，机器人又有哪些类别呢？现在，我们一起来了解一下吧！图 1.2 是我们生活中的机器人。

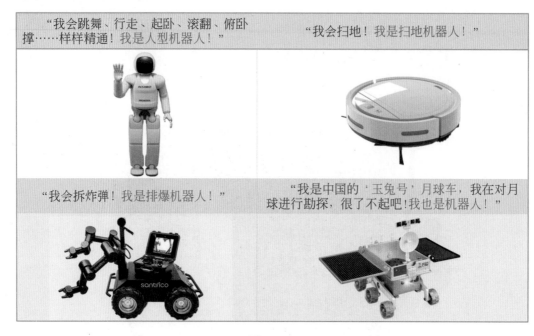

图　1.2

我们离不开机器人

1.2　机器人的发展历史

世界上第一台工业机器人诞生于 1959 年，是由享有"机器人之父"美誉的恩格尔伯格先生发明的，如图 1.3 所示。

图　1.3

老师，历经这么多年，机器人的发展历史是怎么样的呢？

机器人发展的历史阶段如图 1.4 所示。

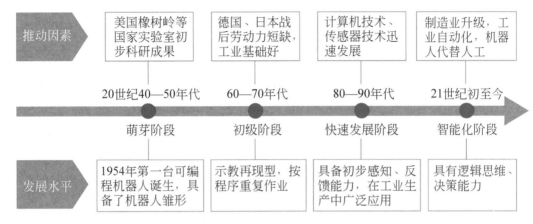

| 推动因素 | 美国橡树岭等国家实验室初步科研成果 | 德国、日本战后劳动力短缺，工业基础好 | 计算机技术、传感器技术迅速发展 | 制造业升级，工业自动化，机器人代替人工 |

20世纪40—50年代　　60—70年代　　80—90年代　　21世纪初至今

萌芽阶段　　初级阶段　　快速发展阶段　　智能化阶段

| 发展水平 | 1954年第一台可编程机器人诞生，具备了机器人雏形 | 示教再现型，按程序重复作业 | 具备初步感知、反馈能力，在工业生产中广泛应用 | 具有逻辑思维、决策能力 |

图　1.4

未来的意识化智能机器人会是什么样子呢？

它们的语言交流功能可能越来越完美，各种动作完美化，外形越来越酷似人类，逻辑分析能力越来越强，具备越来越多样化的功能。图 1.5 是未来机器人的样子。

图　1.5

下面，我们就来学习机器人基本构成。机器人的外貌有的像人，有的却并不具有的模样，但其组成与人很相似。机器人的组成部分又有哪些呢？

"神奇功能"
的奥秘

1.3 "神奇功能"的奥秘

机器人的本领非常强大，它们不但能运动，还能听，会说。这些神奇的功能背后，是什么在起作用呢？

机器人确实非常神奇，它们能够做很多有趣的事情。让我向你解释一下背后的原理吧。

电机或液压系统允许机器人的身体部分移动。

麦克风可以接收到声音，并将声音转化为数字信号。

语音合成使用计算机生成声音，这样机器人就可以用声音回答我们的问题或与我们交流。

看图1.6，我们一起来看看它们长什么样子吧！

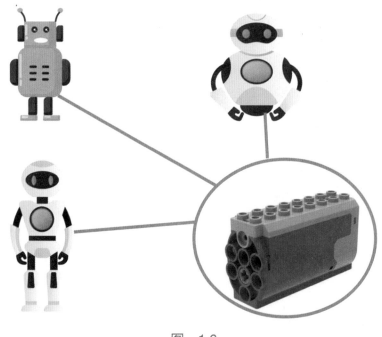

图 1.6

老师，这是电机！

哈哈哈，正确！机器人运动时离不开"电机"，电机就像机器人的"肌肉"一样，它可以让机器人行走、拿东西等。

那是什么让机器人能接受命令，执行命令的呢？

这是机器人控制系统，就像人类的大脑，如图 1.7 所示，能够分析机器人收集到的各种信息，并对机器人身体各部分下达各种命令。

小萌，小帅你们很棒！对机器人的功能很了解啊！老师再考考你们，机器人靠什么听到声音？

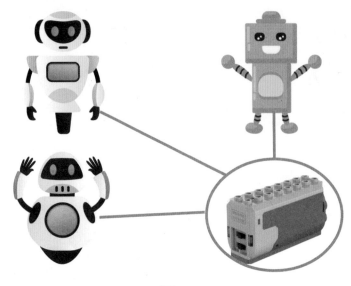

图　1.7

麦克风！

传感器（如1.8所示）是机器人用于获取外界信息的部件，能将视觉、听觉等信息转换成机器人能理解的电信号，再传送到机器人的"大脑"里，如图1.9所示，这种也是传感器的一种——红外线距离传感器。

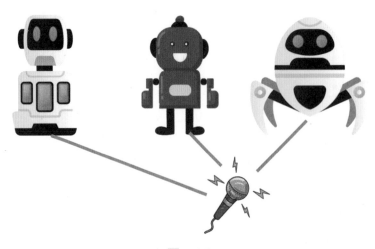

图　1.8

红外线距离传感器

红外线距离传感器利用红外光的原理来判断距离和障碍物。传感器里面有两个"小眼睛"，分别具有发射和接收的作用。

接头

红外线接收 —————— 开关①-强弱

红外线发射 —————— 开关②-判断

红外线距离传感器的工作原理

1. 测远近

2. 颜色反射场景
物体的颜色深浅，会影响反射光的强和弱。颜色越深，反射光就会越弱；颜色越浅，反射光就会越强。

3. 太阳光影响
太阳光中含有非常强烈的红外光，会影响传感器接收红外光的强弱而导致传感器的误判。

图　1.9

机器人还能靠什么发现周围的物体？

　　机器人身上安装了很多超声波传感器，如图1.10所示，这些超声波传感器发出的超声波遇到物体后会反射回来。超声波传感器接收到后，就知道周围有"障碍物"了。

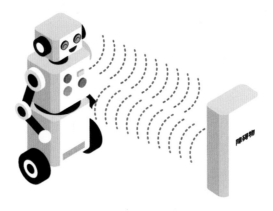

图　1.10

老师，我来总结一下我们学习的主控、电机、传感器的作用吧！电机让机器人能"动"；主控能控制机器人执行命令；麦克风让机器人能"听到声音"；而超声波传感器则能让机器人"感受"到周围的物体。

机器人
的身体

1.4　机器人的身体

机器人的组成结构相当于人类的骨骼，由一系列"手""脚""关节"等运动部件组成。

老师，我们在搭建时怎样才能让机器人的身体更加稳固呢？

想要搭建出既牢固又美观的机器人，需要掌握一定的结构搭建知识，下面老师会给大家讲解常用的基础结构和搭建技巧。

1. 常用的搭建技巧

动手做一做：

用积木按照图 1.11 的示意图，把它们搭建出来，观察它们，并说出它们的特点是什么吧！

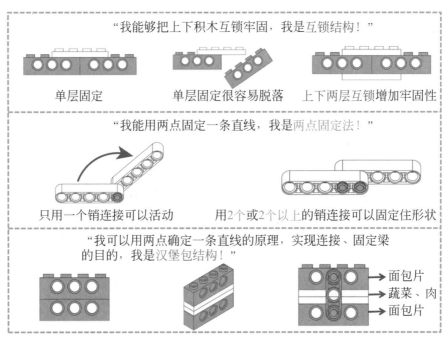

图　1.11

哇！这也太神奇了。这些搭建结构，能把积木牢牢地锁住。

2. "不易变形"的三角形结构

① 观察图 1.12 里面的结构，它们有什么特点？

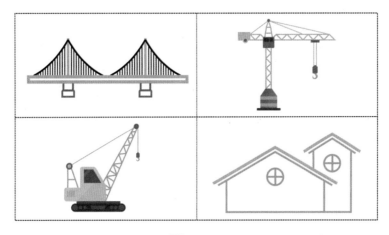

图　1.12

它们的结构里含有三角形（如图 1.13 所示）。

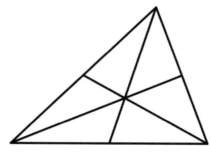

图　1.13

② 动手试一试。

用积木分别搭建一个三角形和一个四边形。用手扭动对比看看，哪一个会变形，哪一个不会变形？

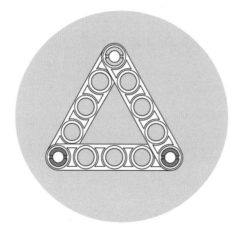
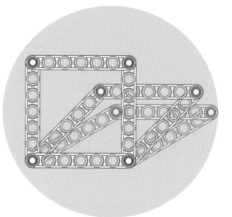

图　1.14

怎么样，聪明的小朋友们！你们发现其中的奥秘了吗？

用手扭动三角形后，发现它很稳固。

这是因为**三角形具有稳定性**。它有着稳固、坚定、耐压的特点，如图1.15所示的埃及金字塔、屋顶等都以三角形形状建造。

当三角形三条边的长度均确定时，三角形的面积、形状完全被确定，这个性质叫作三角形的稳定性。

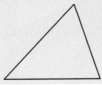

图　1.15

用手扭动四边形后，发现它很容易改变形状。

这是因为四边形具有不稳定性。

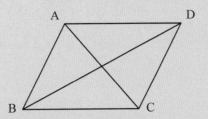

图1.16所示的四边形具有不稳定性，使它在日常生活中有广泛的应用，比如伸缩门、剪式升降机等。

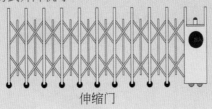

伸缩门　　　　　　　　剪式升降机

图　1.16

3. 起重机

在建筑工地里有一个"大力士"，能把重物吊起来送到高处，这就是起重机。你见过它的身影吗？它是垂直提升和水平搬运重物的多动作起重机械。它能够将一个物体从一个地方运送到另外一个地方，如图1.17所示。

图 1.17

了解起重机的作用和特点后，让我们一起将"大力士"起重机搭建出来吧！在搭建过程中，我们还能学习更多有趣的知识！

请按照下面的搭建步骤，把起重机搭建出来吧！

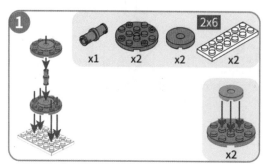

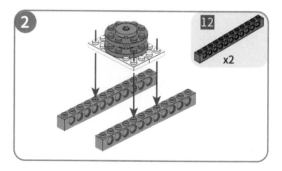

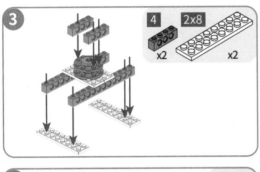

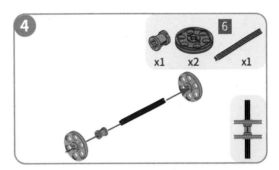

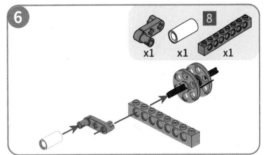

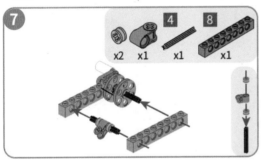

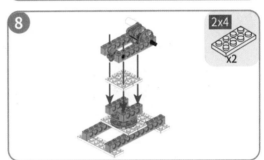

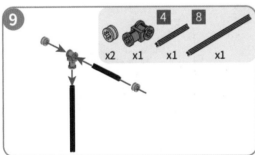

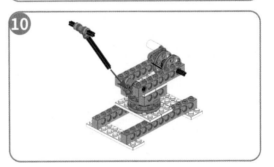

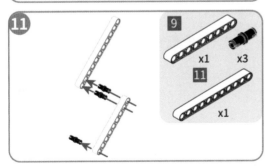

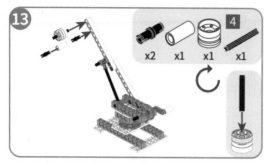

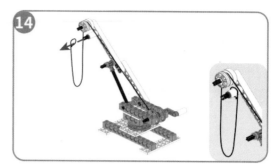

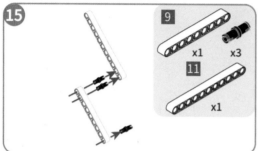

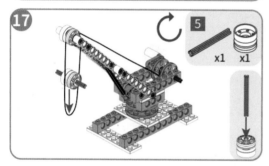

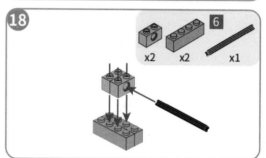

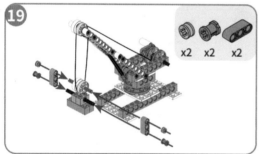

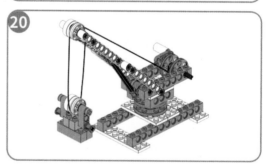

小朋友，起重机模型运用了什么原理把重物给吊起来呢？

老师这可难不倒我们！

知识探索:

滑轮:

滑轮是一种简单的机械,可以用来升降重物。它是由一个轮子和一根绳子构成的。轮子的边缘带有凹槽,如图1.18所示。

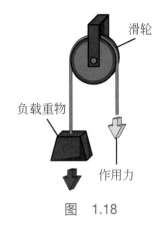

图 1.18

我们可以把要升起的物体系到绳子一端,然后让绳子穿过滑轮的凹槽。当你往下拉动绳子时,物体就被提起来啦!

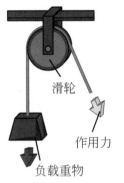

图 1.19

定滑轮:

由单个滑轮组成的定滑轮系统中,将一个滑轮固定在支架上,再将绳索绕过滑轮与重物相连接,如图1.19所示。

使用定滑轮时,重物运动的距离和绳子拉动的距离相同,不能放大作用力,但是定滑轮可以改变施力的方向。

动滑轮:

由两个滑轮组成的动滑轮系统中,绳索绕过上滑轮,向下绕经下滑轮再返回上滑轮,下滑轮重物可以自由移动,当拉动绳索时,就可以吊起重物,重物运动的距离是绳索拉动距离的一半,如图1.20所示。

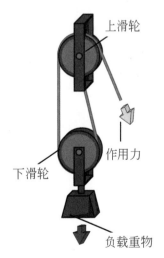

虽然重物上升的距离减半,但是拉动绳子的力气也减半了,变得更省力。

在理想状态下,多一个滑轮,就能节约一半的力。

滑轮组:

许多个滑轮可以组成滑轮组,它由一根绳索和由绳索环绕的两个独立滑轮

图 1.20

组组成，如图 1.21 所示。

　　每一滑轮组中的滑轮，可以单独在同一轴上自由转动。上面一组滑轮固定在支座上，下面一组滑轮与负载重物相连。

　　滑轮组可以吊起巨大的重物，滑轮组里的滑轮越多，拉动物体时就会越省力。

上滑轮组

作用力

下滑轮组

负载重物

图　1.21

所以起重机的模型运用了滑轮组的原理把重物给吊起来！

【想一想1】　为什么起重机的支架要用三角形结构呢?

【想一想2】　如何让起重机抬起更重的物体呢?

小朋友，搭建完起重机后，快来玩一玩吧!

边测边玩

看看起重机能否正常提起重物。

试试我的力量吧!

边比边玩

比一比在一分钟之内谁的起重机运输的物体最多。

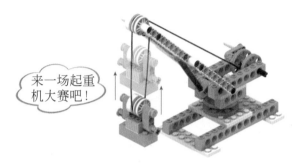

来一场起重机大赛吧！

小朋友，你可以根据下面的小创意，逐步改进起重机。你还有没有其他更好的办法，让起重机变得更强大？

创意一

增加一个棘轮机构，防止起重机在抬起物体时打滑而使物体掉下去。

止回棘爪

我让齿轮只能前进不能后退！

止回棘爪把我的齿卡住了，我只能向一个方向转！

棘轮

棘轮机构是一种常见的机械传动装置。它由两个主要部分组成：棘轮和棘爪。

创意二

增加一个大齿轮，组成大齿轮带动小齿轮的齿轮加速系统，增加起重机的速度。

主动齿轮
(24齿)

从动齿轮
(8齿)

齿数比(从动:主动)=8:24=1:3
速度增大，力量减小

生活中还有哪些物品应用了滑轮结构？请列举三个例子。

我来分享

小朋友，经过"想一想"和"拼一拼"后，相信你收获了不少知识，对起重机的机构原理肯定非常熟悉了。回顾一下自己在本节课中的学习收获吧！

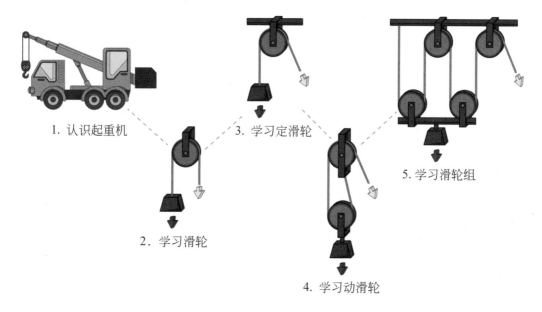

1. 认识起重机

3. 学习定滑轮

5. 学习滑轮组

2. 学习滑轮

4. 学习动滑轮

小朋友，这些知识点你学会了吗？可以分享给爸爸妈妈哦！

机械收集手册

小朋友，你的任务是捕捉作品的精细细节，确保照片清晰、完整地展现出每个机械的功能和特点。这些照片将成为宝贵的参考资料，以便日后维护和修理所需。

拍照后打印出来粘贴在这里哦！

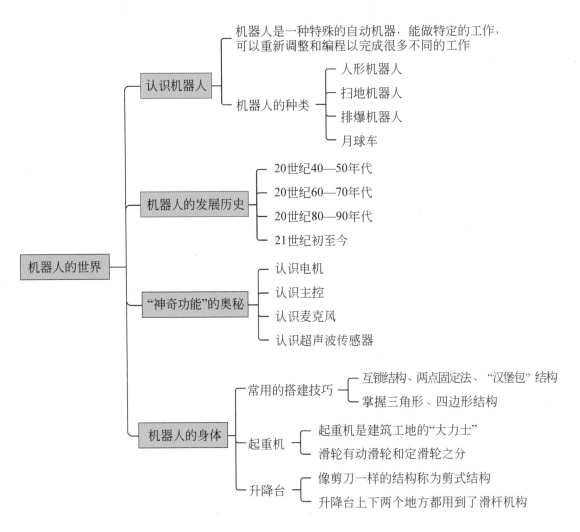

单元小结

机器人的世界
- 认识机器人
  - 机器人是一种特殊的自动机器，能做特定的工作，可以重新调整和编程以完成很多不同的工作
  - 机器人的种类
    - 人形机器人
    - 扫地机器人
    - 排爆机器人
    - 月球车
- 机器人的发展历史
  - 20世纪40—50年代
  - 20世纪60—70年代
  - 20世纪80—90年代
  - 21世纪初至今
- "神奇功能"的奥秘
  - 认识电机
  - 认识主控
  - 认识麦克风
  - 认识超声波传感器
- 机器人的身体
  - 常用的搭建技巧
    - 互锁结构、两点固定法、"汉堡包"结构
    - 掌握三角形、四边形结构
  - 起重机
    - 起重机是建筑工地的"大力士"
    - 滑轮有动滑轮和定滑轮之分
  - 升降台
    - 像剪刀一样的结构称为剪式结构
    - 升降台上下两个地方都用到了滑杆机构

学习收获
请小朋友们回顾一下自己在本章中的学习收获，并记录在下表中。

学习收获	完成度
能说出机器和机器人的区别	☆☆☆☆☆
能说出机器人的种类	☆☆☆☆☆

续表

学 习 收 获	完 成 度
了解机器人的发展历史和未来发展趋势	☆ ☆ ☆ ☆ ☆
理解机器人的基本组成	☆ ☆ ☆ ☆ ☆
理解起重机的作用及工作原理	☆ ☆ ☆ ☆ ☆
掌握滑轮组的使用	☆ ☆ ☆ ☆ ☆

其他收获：

自我评价：

综 合 能 力

序号	名　　称	能 力 要 求	我能做到
1	机器人分类	了解人形机器人、扫地机器人、空中机器人等	☆ ☆ ☆ ☆ ☆
2	机器人硬件组成	了解并能够表述不同类型机器人的执行部分，了解舵机与电机的区别，并了解舵机与电机的种类及工作方式。掌握运用简单的器件舵机、电机，搭建可以运动的简易机器人	☆ ☆ ☆ ☆ ☆
3	机器人运动方式	了解机器人的运动方式：基本的轮式运动底盘、万向轮底盘等，履带运动方式，以及四旋翼飞行。了解这些运动方式的优缺点以及各自的应用场景	☆ ☆ ☆ ☆ ☆
4	机器人发展对社会的影响	熟悉机器人发展的历史，并能列举生活中简单的使用机器人的案例	☆ ☆ ☆ ☆ ☆

☆舵机（servo）：一种常见的电机控制装置，主要用于控制机械系统中的位置或角度。

单 元 习 题

1. 以下关于滑轮组的说法，正确的是（　　　）。

　　A. 滑轮组可以省力

　　B. 滑轮组一定可以省力的作用距离

    C. 采用滑轮组省力时，绕线方式对省多少力没有影响

    D. 滑轮组的定滑轮越多，越省力

2. 关于滑轮，下列说法错误的是（   ）。

    A. 滑轮的实质是变形的杠杆

    B. 中心轴的位置固定不变的滑轮是定滑轮

    C. 动滑轮可以省功

    D. 定滑轮不能省力

3. 如图所示，下列说法中错误的是（   ）。

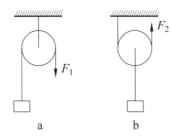

    A. a 图是定滑轮   B. b 图是动滑轮

    C. a 图可以省力   D. b 图可以省力

4. （   ）不是工业机器人的特点。

    A. 能够代替人类在有害场所从事危险工作

    B. 动作准确性高，可保证产品质量的稳定性

    C. 能高强度地从事单调简单的劳动

    D. 为医生提供有效的帮助

5. （   ）机械结构一定不能用来省力。

    A. 定滑轮   B. 滑轮组   C. 省力杠杆   D. 轮轴

6. 以下选项中，利用四边形不稳定性的有（   ）。

    A. 埃菲尔铁塔   B. 钢架桥   C. 伸缩门   D. 起重机

7. （   ）是机器人。

    a   b   c   d

    A. a   B. b   C. c   D. d

8. 下图中，吊起物体不能省力的是（   ）。

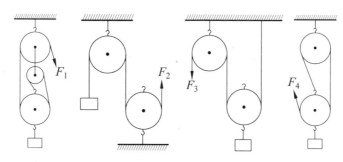

A. *F1*   B. *F2*   C. *F3*   D. *F4*

9. 在机器人结构中，相当于人的大脑的是（   ）。

    A. 金属外壳   B. 机械手   C. 传感器   D. 控制系统

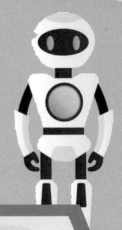

第 2 单元

奇妙的传动装置

今天我要介绍一个非常有趣的东西，它被称为传动装置，你们听说过这个词吗？

没有听说过，传动装置是什么东西呢？

传动装置实际上是一种工具，它可以帮助我们将力量传递给其他物体。通常由一些机械零件组成，例如齿轮、皮带和链条等。这些零件通过连接在一起，能够将动力从一个地方传输到另一个地方。

哇，太厉害了！传动装置还有其他的用途吗？

当然有！传动装置在我们的日常生活中随处可见，接下来我们一起认识一下吧！

2.1　皮 带 传 动

　　皮带传动是一种依靠摩擦来传递运动和动力的机械传动，包括主动轮、从动轮和皮带。被注入动力的轮子叫主动轮，被主动轮通过皮带带动的轮子叫从动轮，如图 2.1 和图 2.2 所示。

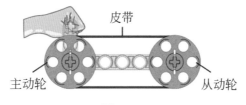

图　2.1

皮带传动包括开口传动和交叉传动。

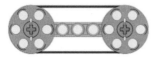

开口传动

交叉传动

皮带传动可实现远距离传动。皮带传动中,突然施加外力、负荷过高或者突然变速时皮带会打滑,从而可以保护机械,不会损坏零件。

小朋友用手把我按停,可皮带会一直打滑,保持运动。

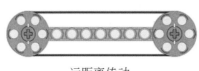

远距离传动

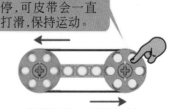

皮带打滑　　保护机械

图　2.2

生活中处处都用到了皮带传动,你知道甘蔗汁是怎么做出来的吗?

我知道!每次和妈妈去买甘蔗汁时都能看到"大型榨汁机"。妈妈说:"甘蔗本身比较坚实,用普通的榨汁机可榨不了,需要用挤压机才能做到。"

挤压机

挤压机

当甘蔗通过挤压机时,挤压机的内部有一个强大的机械装置,它会对甘蔗进行挤压。当甘蔗被挤压时,它的纤维和细胞会破裂,这样里面的汁液就会被挤出来。这个过程类似于我们用手挤橙子来得到橙汁一样。不过,挤压机更加强大和高效,所以可以帮助我们快速获得甘蔗汁,如图2.3所示。

我的力气可大了呢！

图 2.3

了解挤压机的作用和特点后，快去把它搭建出来吧！在搭建过程中，我们还能学习更多有趣的知识！

请按照下面的搭建步骤，把挤压机搭建出来吧！

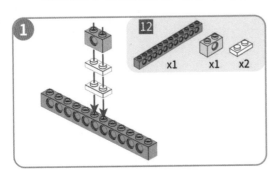

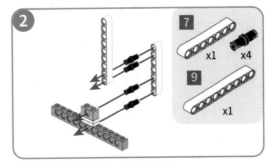

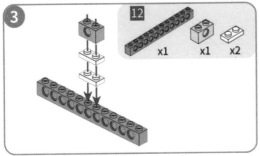

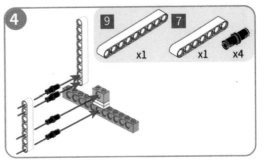

知识巩固：

常用的锁梁结构

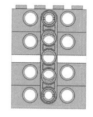

121(一根梁+两块板+一根梁)　　　锁梁结构　　　212(两根梁+一块板+两根梁)

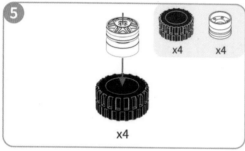

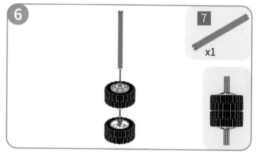

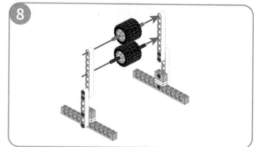

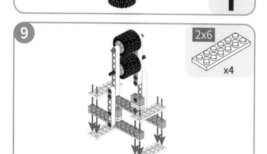

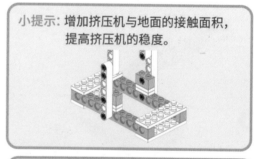

小提示：增加挤压机与地面的接触面积，提高挤压机的稳度。

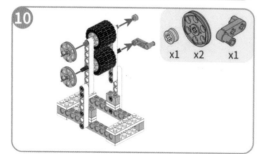

小提示：挤压机的把手使用轮轴结构，在轮上用力，起到省力的作用。

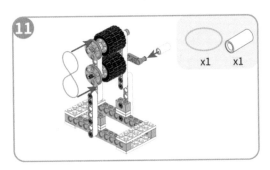

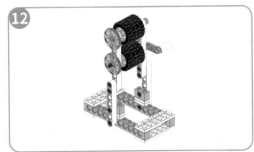

【想一想1】 挤压机是如何挤压物体的呢?

【想一想2】 怎样才能增强挤压机挤压的力量呢?

小朋友，搭建完挤压机后，快来玩一玩吧!

边测边玩

　　转动把手，测试挤压机的两组轮胎的转向是否正常，能否挤压出湿纸巾中的水。

湿纸巾中的水就交给我来挤压吧!

边比边玩

找两张同质量的湿纸巾（或蘸水的毛巾），比一比谁的挤压机能挤压出更多的水，让纸巾变得更轻。

来一场"挤水"大力士比赛吧！

创意比拼

小朋友，你可以根据下面的小创意，逐步改进挤压机，让它挤压出更多的水哦！你还有没有其他更好的办法，让挤压机的挤水本领更强呢？

创意一

增加一条橡皮筋，增大挤压力度。

加了橡皮筋，试试我的威力吧！

创意二

增加一个齿轮减速结构，增大挤压力度。

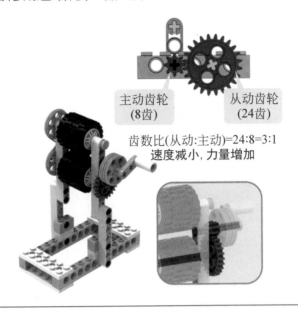

主动齿轮
(8齿)

从动齿轮
(24齿)

齿数比(从动:主动)=24:8=3:1
速度减小, 力量增加

查一查

在我们的生活中，还有很多机械都运用到了皮带传动。观察一下身边的物品，有哪些运用到了皮带传动？请你记录下来。

我来分享

小朋友，经过"想一想"和"拼一拼"后，相信你收获了不少知识，对挤压机的机构原理肯定非常熟悉了。回顾一下自己在本节课中的学习收获吧！

1. 学习皮带传动

3. 学习交叉传动

5. 掌握锁梁结构

2. 学习开口传动

4. 认识挤压机

小朋友，这些知识点你学会了吗？可以分享给爸爸妈妈哦！

机械收集手册

小朋友，你的任务是捕捉作品的精细细节，确保照片清晰、完整地展现出每个机械的功能和特点。这些照片将成为宝贵的参考资料，以便日后维护和修理所需。

拍照后打印出来粘贴在这里哦！

2.2　齿轮传动

齿轮是一种常见的传动装置，它由一系列的齿牙组成。每个齿轮都有一定数量的齿牙，这些齿牙可以与其他齿轮的齿牙咬合在一起，如图 2.4 所示。

当一个齿轮转动时，它会通过齿牙的咬合将动力传递给与之相连的齿轮，从而实现力量的传输，如图 2.5 所示。

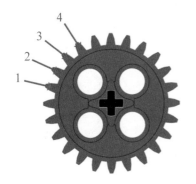

图　2.4

图　2.5

齿轮可按照不同齿数进行分类，如 8 齿齿轮、16 齿齿轮、24 齿齿轮等，也可按照不同形状进行分类，如普通齿轮、盘形齿轮、锥形齿轮等（见图 2.6）。

8齿齿轮	12齿齿轮	12齿齿轮	20齿齿轮	20齿齿轮	24齿齿轮	36齿齿轮	40齿齿轮
普通齿轮	盘状锥齿轮	锥齿轮	锥齿轮	盘状锥齿轮	普通齿轮	锥齿轮	普通齿轮

图　2.6

老师，齿轮的种类也太多了！我们要怎么使用它们呢？

钟表中就使用了齿轮传动，它是由齿轮组传递运动和动力的装置。

齿轮传动

在齿轮传动中，通常有一个主动齿轮和一个从动轮。主动齿轮是通过外力或者电机等动力源驱动的齿轮，而从动轮则是被主动齿轮传动力量的齿轮，如图2.7所示。钟表的指针就是用齿轮传动实现的，如图2.8所示。

我被主动齿轮带动，我是从动齿轮。

小朋友用手摇动我，我被注入了动力，我是主动齿轮。

图　2.7　　　　　　　　　　　　　　　图　2.8

齿轮传动有平行传动和锥齿传动两种方式，其中锥齿传动又分为垂直传动与倾斜传动，如图2.9所示。平行传动中，相邻齿轮的转动方向相反。

平行传动　　　　　倾斜传动　　　　　垂直传动

图　2.9

学习了齿轮传动后，小朋友们快去运用起来吧！

老师这里有个谜题，你们猜猜谜底是什么："我是一种小玩具，转动时非常快，用手一推，它会旋转，看起来像魔法般的绝技。"

陀螺！我玩陀螺的技术可厉害了！

陀螺

陀螺是一种有趣的玩具，如图 2.10 所示。它通常由一个中心轴和一个平衡的身体组成。当你用手或其他物体推动它时，它会开始快速旋转起来。

图　2.10

你想拥有自己的"扳机式陀螺"吗？让我们一起把陀螺搭建出来吧！

小朋友，用你最快的速度按照下面的步骤搭建扳机式陀螺吧！在搭建时，我们还能发现和学习更多更有趣的知识哦！

扳机式陀螺

请按照下面的搭建步骤，把扳机式陀螺搭建出来吧！

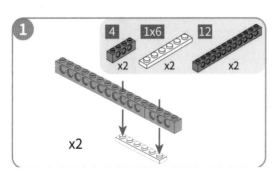

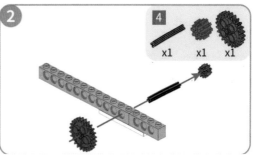

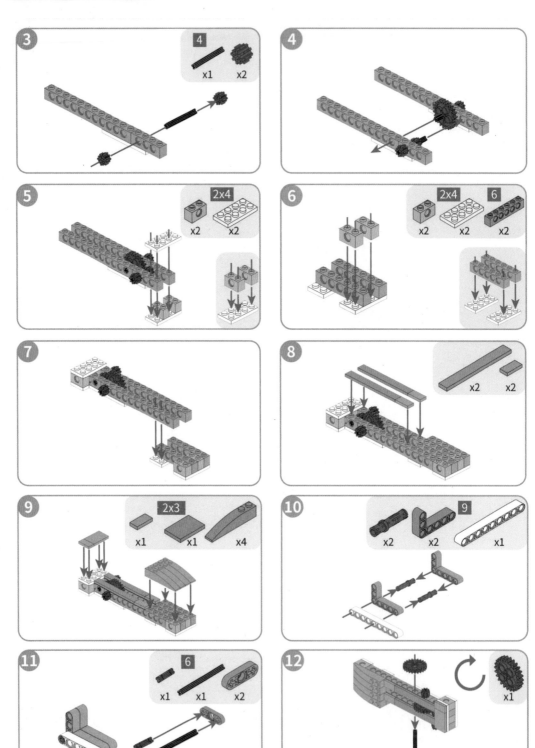

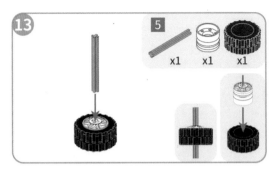

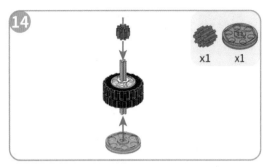

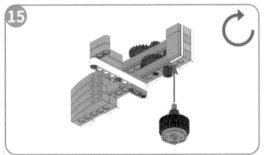

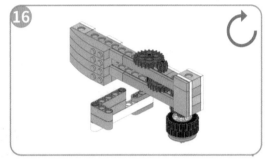

知识探索:

定轴性原理

旋转的物体有使转轴的方向保持不变的特性。

陀螺旋转得越快，越不容易改变轴的方向，就越稳定。

陀螺

【想一想1】 陀螺为什么在旋转的过程中不会倒下?

【想一想2】 扳机式陀螺用什么作为动力呢?

【想一想3】 如何让扳机式陀螺旋转得更久?

 做一做

小朋友，搭建完扳机式陀螺后，快来玩一玩吧！

边测边玩

测试扳机式陀螺是否能正常旋转。

试试我能不能旋转起来吧！

边比边玩

比一比谁的陀螺可以旋转得最久。

来一场陀螺旋转大赛吧！

 创意比拼

小朋友，根据下面的小创意来逐步改进你的扳机式陀螺吧！你还有没有其他更好的办法，让扳机式陀螺旋转得更久呢？

创意一

更换一组大小不同的齿轮，增加齿轮转动的动力，让陀螺旋转得更久。

更换后大齿轮转1圈，带动小齿轮转3圈，陀螺落地时转速更快。

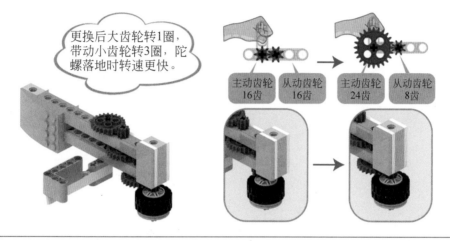

| 主动齿轮 16齿 | 从动齿轮 16齿 | 主动齿轮 24齿 | 从动齿轮 8齿 |

创意二

在创意一的基础上将小轮胎换成大轮胎，增加重量来降低重心，让陀螺转得更稳。

查一查

　　由于陀螺具有定轴性、进动性等力学特性，从力学上看，陀螺的含义更为广泛。在日常生活中，哪些物件会运用到定轴性原理呢？

我来分享

小朋友，经过"想一想"和"拼一拼"后，相信你收获了不少知识，对扳机式陀螺的机构原理肯定非常熟悉了。回顾一下自己在本节课中的学习收获吧！

1. 认识齿轮

3. 认识陀螺

2. 学习齿轮传动

4. 掌握定轴性原理

小朋友，这些知识点你学会吗？可以分享给爸爸妈妈哦！

机械收集手册

小朋友，你的任务是捕捉作品的精细细节，确保照片清晰、完整地展现出每个机械的功能和特点。这些照片将成为宝贵的参考资料，以便日后维护和修理所需。

拍照后打印出来粘贴在这里哦！

2.3 齿轮减速机构与齿轮加速机构

齿轮减速机构与齿轮加速机构

齿轮减速机构	齿轮加速机构
主动齿轮是小齿轮，从动齿轮是大齿轮	主动齿轮是大齿轮，从动齿轮是小齿轮

我的齿数是主动齿轮的3倍，主动齿轮转动3圈才能带动我转动1圈，所以我的速度变慢了！

主动齿轮
（8齿）

从动齿轮
（24齿）

齿数比（从动:主动）=24∶8=3∶1

速度减小，力量增加

主动齿轮的齿数是我的3倍，它只要转动1圈，我就会转动3圈，所以我的速度变快了！

主动齿轮
（24齿）

从动齿轮
（8齿）

齿数比（从动:主动）=8∶24=1∶3

速度增大，力量减少

我们可以运用齿轮减速和加速机构来改变汽车的速度。

自动驾驶汽车

小朋友，你见过自动驾驶的汽车吗？当今时代，汽车变得越来越智能。在计算机、人工智能及自动控制等技术的支持下，智能汽车可以根据路况自动前进、加速和减速，可以通过语音控制启动和停止，还可以自行判断路障自动停车。自动驾驶提高了汽车的安全性、舒适性，具有良好的人车交互体验。

自动驾驶
小车

认识自动驾驶小车后，快去把它搭建出来吧！在搭建过程中，我们还能学习更多有趣的知识！

请按照下面的搭建步骤，把自动驾驶小车搭建出来吧！

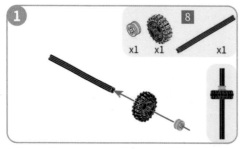

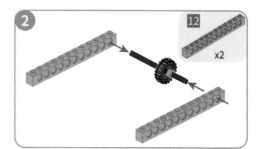

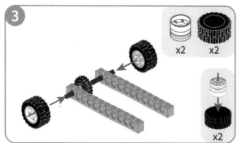

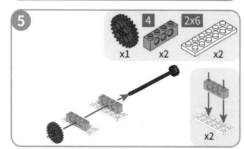

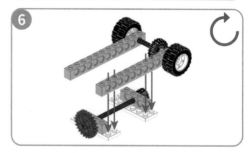

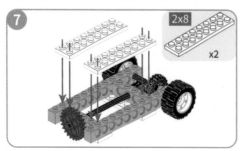

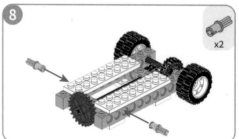

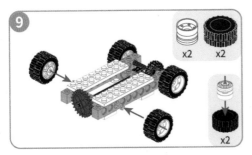

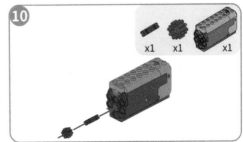

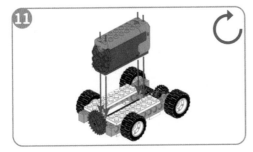

知识探索：

框架式结构

车架是跨接在汽车前后车桥上的框架式结构，俗称大梁，是汽车的基体。

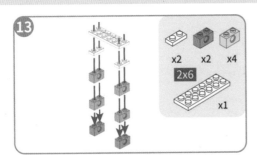

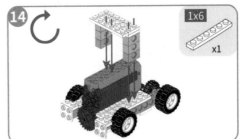

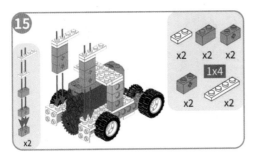

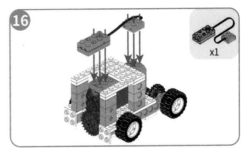

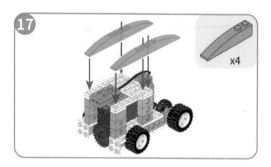

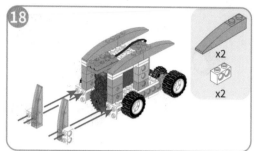

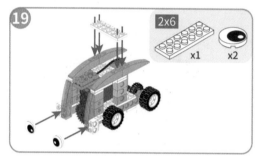

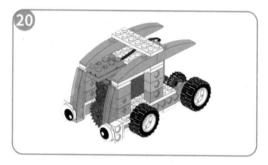

小朋友，你们知道自动驾驶小车运用了哪些传动装置吗？

老师，运用了齿轮传动机构！

知识探索：

轮系（齿轮系统）

在实际机械中，往往要采用一系列相互啮合的齿轮来满足工作要求。这种由一系列的齿轮组成的传动系统称为轮系。

动力先从1号齿轮传动2号齿轮，然后通过10单位轴，把动力传动3号齿轮，3号齿轮通过垂直传动的方式，把动力传到4号齿轮，并通过轴把动力传递到轮子上。

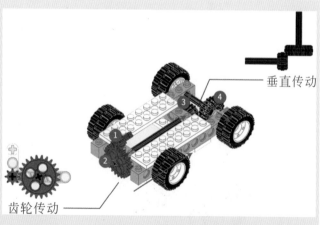

垂直传动

齿轮传动

惯性现象

惯性就是物体总想保持原有的运动状态的一种性质。

我想保持原来的静止状态，因此我向后倾斜身体。

我要从静止开始运动了！

我想保持原来的向前运动状态，因此我向前倾斜身体。

前方有障碍，我得马上停下。

电机与红外线距离传感器的使用方法

按钮介绍·

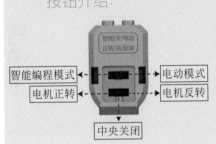

智能关/电动
正转/关/反转

智能编程模式 ←┄ ┄→ 电动模式
电机正转 ←┄ ┄→ 电机反转
中央关闭

红外线距离传感器利用红外光的原理来判断距离和障碍物。传感器里面有两个"小眼睛"，分别具有发射和接收的作用。

接头
红外线接收　开关①-强弱
红外线发射　开关②-判断

知识巩固:

红外线距离传感器的工作原理

1. 测远近

2. 颜色反射场景
物体的颜色深浅会影响反射光的强和弱。颜色越深，反射光就会越弱；颜色越浅,反射光就会越强。

3. 太阳光影响
太阳光中含有非常强烈的红外光,会影响传感器接收红外光的强弱而导致传感器的误判。

【想一想1】 怎样才能让自动驾驶小车行驶的速度更快呢？

【想一想2】 如果车速太快会发生什么？

小朋友,搭建完自动驾驶小车后,快来玩一玩吧!

边测边玩

按照下图设置传感器，然后把电机设置为智能模式，然后打开开关，看看小车能否运行。

传感器设置　　　　　　　　　　　　　　电机设置

边比边玩

让自动驾驶小车从相同的起点出发，看看谁先到达终点，识别到终点标记，并停下。

创意比拼

小朋友，根据下面的小创意，逐步改进自动驾驶小车，让它行驶的速度更快！你还有没有其他更好的办法，让自动驾驶小车的本领更强呢？

创意一

更改齿轮组：交换 24 齿齿轮与 8 齿齿轮的位置，看看小车有什么变化？

改装前

主动齿轮
(8齿)

从动齿轮
(24齿)

齿数比(从动:主动)=24:8=3:1
速度减小,力量增加

改装后

主动齿轮
(24齿)

从动齿轮
(8齿)

齿数比(从动:主动)=8:24=1:3
速度增大,力量减少

创意二

手势牵引：按照下图设置传感器，把电机设置为智能模式，然后打开开关，尝试用手隔空牵引小车。

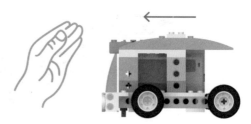

传感器设置

惯性在许多领域中都有应用，以下是一些常见的例子：（请你补充完整）

1. 交通运输：惯性在汽车、_____、飞机等交通工具的设计和操作中起着重要的作用。

2. 运动竞技：在各种运动中，运动员利用_____来增加力量和控制运动。例如，在田径比赛中，投掷物体时，运动员利用_____来增加投掷物体的速度和距离。

我来分享

小朋友，经过"想一想"和"拼一拼"后，相信你收获了不少知识，对自动驾驶小车的机构原理肯定非常熟悉了。回顾一下自己在本节课中的学习收获吧！

1. 学习齿轮减速机构

3. 认识自动驾驶汽车

5. 学习惯性原理

2. 学习齿轮加速机构

4. 掌握轮系

小朋友，这些知识点你学会了吗？可以分享给爸爸妈妈哦！

机械收集手册

小朋友，你的任务是捕捉作品的精细细节，确保照片清晰、完整地展现出每个机械的功能和特点。这些照片将成为宝贵的参考资料，以便日后维护和修理所需。

拍照后打印出来粘贴在这里哦！

2.4　智 能 传 动

传送带可以将物体从一个地方传送到另一个地方，如图 2.11 所示。传送带在生活中的应用实例比比皆是。例如，商场的自动扶梯、机场的自动人行道、码头上自动装卸货传送带、工厂生产流水线以及农业机械中都有应用。

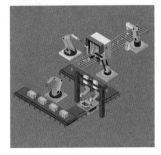

图　2.11

随着人工智能的发展，传送带也变得更智能了。

智能传
送带

什么是智能传送带

　　智能传送带有有序传送、永不停歇、精准送达等功能，通过调整和同步传送带控制，对产品进行理料排列，防止产品堵塞、费料以及停留，提升效率与良品率。

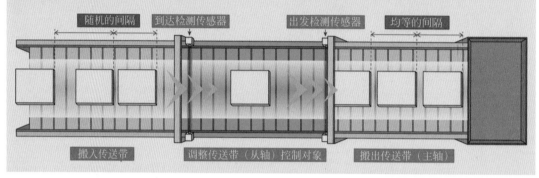

了解传送带的作用和特点后，快去把它搭建出来吧！在搭建过程中，我们还能学习更多有趣的知识！

请按照下面的搭建步骤，把智能传送带搭建出来吧！

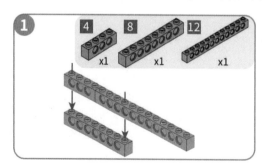

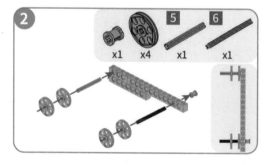

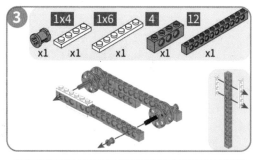

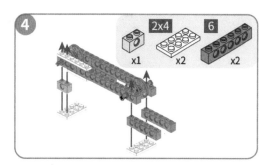

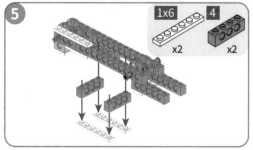

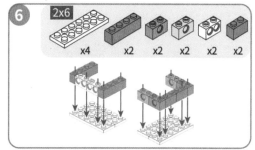

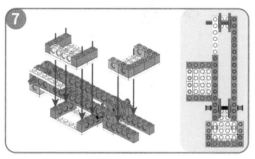

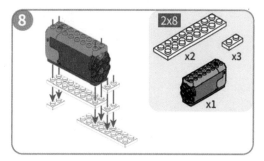

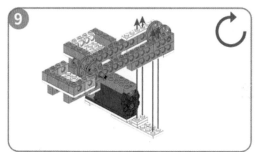

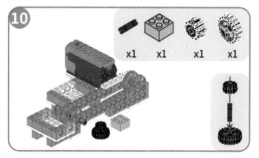

【想一想 1】 传送带应用什么机械结构进行产品运输?

【想一想 2】 如何实现传送带的分拣功能?

小朋友，搭建完传送带后，快来玩一玩吧！

边测边玩

小朋友，请发挥所学的知识，设计一组机械结构，实现开启电机后，商品自动传送的效果。

提示：尝试用这些零件试一试。

边比边玩

比一比谁的传送带传送的物品更多。

知识巩固：

曲柄滑块机构

要实现传送带的功能，可以使用皮带传动实现。

主动轮与从动轮相同速度
不变，力量不变

齿轮减速

使用齿轮减速机构可以把
动力传递到传送带上。

根据搭建图拼搭皮带传动

主动齿轮　　　　　　从动齿轮
（8齿）　　　　　　　（24齿）

齿数比(从动:主动)=24:8=3:1
速度减小，力量增加

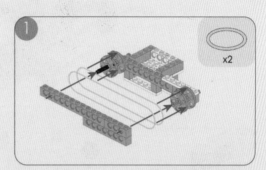

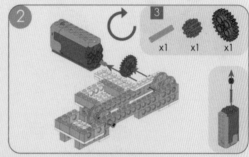

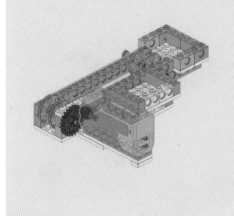

 创意比拼

小朋友，你可以根据下面的小创意来逐步改进你的
传送带哦！你还有没有其他更好的办法，让传送带更智
能呢？

智能分类功能：增加红外距离传感器，制作能自动识别障碍的传送带。

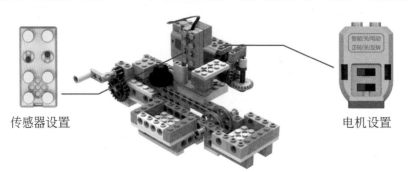

传感器设置　　　　　　　　　　　　　电机设置

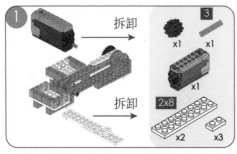

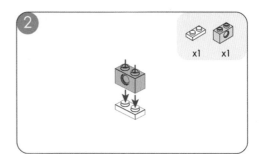

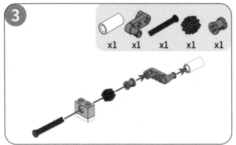

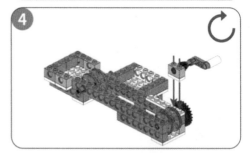

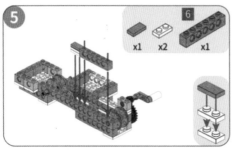

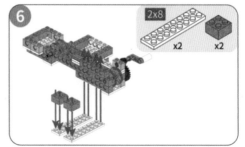

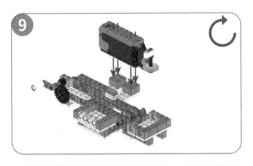

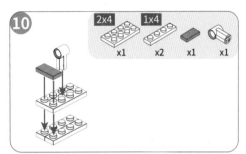

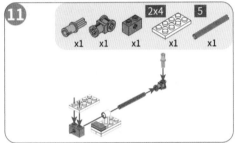

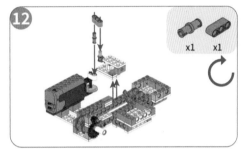

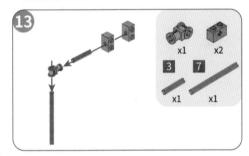

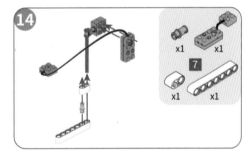

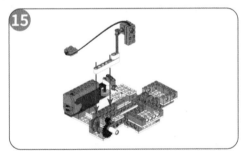

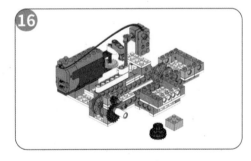

传送带是一种常见的物料输送设备，广泛应用于各个行业和领域。传送带的应用场景还有哪些呢？

我来分享

小朋友，经过"想一想"和"拼一拼"后，相信你收获了不少知识，对智能传送带的机构原理肯定非常熟悉了。回顾一下自己在本节课中的学习收获吧！

1. 认识智能传送带

3. 掌握齿轮减速

2. 掌握皮带传动

小朋友，这些知识点你学会了吗？可以分享给爸爸妈妈哦！

机械收集手册

小朋友，你的任务是捕捉作品的精细细节，确保照片清晰、完整地展现出每个机械的功能和特点。这些照片将成为宝贵的参考资料，以便日后维护和修理所需。

拍照后打印出来粘贴在这里哦！

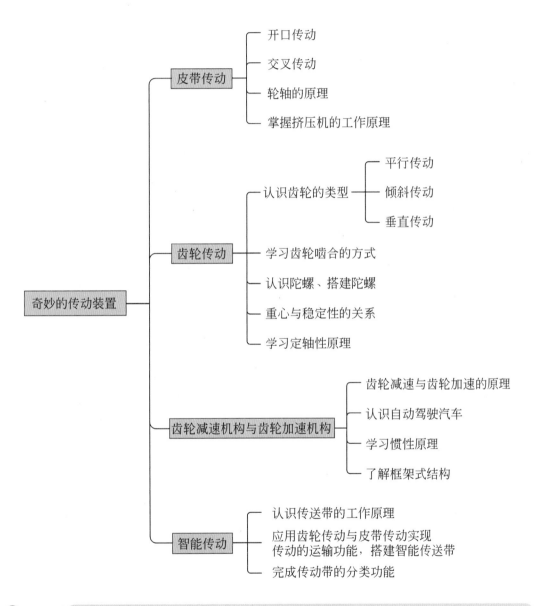

单 元 小 结

- 奇妙的传动装置
  - 皮带传动
    - 开口传动
    - 交叉传动
    - 轮轴的原理
    - 掌握挤压机的工作原理
  - 齿轮传动
    - 认识齿轮的类型
      - 平行传动
      - 倾斜传动
      - 垂直传动
    - 学习齿轮啮合的方式
    - 认识陀螺、搭建陀螺
    - 重心与稳定性的关系
    - 学习定轴性原理
  - 齿轮减速机构与齿轮加速机构
    - 齿轮减速与齿轮加速的原理
    - 认识自动驾驶汽车
    - 学习惯性原理
    - 了解框架式结构
  - 智能传动
    - 认识传送带的工作原理
    - 应用齿轮传动与皮带传动实现传动的运输功能，搭建智能传送带
    - 完成传动带的分类功能

学 习 收 获

　　请小朋友们回顾一下自己在本章中的学习收获，并记录在下表中。

学 习 收 获	完 成 度
掌握皮带传动原理	☆ ☆ ☆ ☆ ☆
描述出开口传动和交叉传动的结构组成及使用方法	☆ ☆ ☆ ☆ ☆
描述轮轴使用场景	☆ ☆ ☆ ☆ ☆
了解挤压机的工作原理	☆ ☆ ☆ ☆ ☆
掌握齿轮的类型	☆ ☆ ☆ ☆ ☆
掌握齿轮啮合的方式	☆ ☆ ☆ ☆ ☆
描述重心与稳定性的关系	☆ ☆ ☆ ☆ ☆
描述齿轮减速和加速的原理	☆ ☆ ☆ ☆ ☆
描述生活中的惯性现象	☆ ☆ ☆ ☆ ☆
掌握智能传送带的工作原理	☆ ☆ ☆ ☆ ☆

其他收获：

自我评价：

综 合 能 力

序号	名　　称	能 力 要 求	我能做到
1	机器人硬件组成	了解并能够表述不同类型机器人的执行部分，了解舵机与电机的区别，并了解舵机与电机的种类及工作方式。掌握运用简单的器件舵机、电机，搭建可以运动的简易机器人	☆ ☆ ☆ ☆ ☆
2	机器人运动方式	了解机器人的运动方式：基本的轮式运动底盘、万向轮底盘等，履带运动方式，以及四旋翼飞行。了解这些运动方式的优缺点以及各自的应用场景	☆ ☆ ☆ ☆ ☆

单 元 习 题

1. 如右图，左侧绿色的是主动轮，右侧黄色的是从动轮，两齿轮齿数分别为 20 齿和 10 齿，则该齿轮组的传动比为（　　　）。

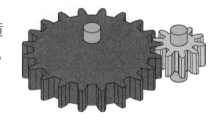

A. 1 : 2 　　　　　B. 2 : 1 　　　　　C. 1 : 1 　　　　　D. 1 : 3

2. 关于该图皮带传动，说法正确的是
（　　）。

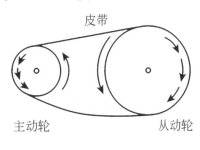
皮带

主动轮　　　从动轮

A. 两带轮转向相同

B. 这是交叉传动

C. 这是垂直传动

D. 这是半交叉传动

3. 下列选项中，起加速作用的齿轮组是（　　）。

A. 主动轮齿数是 6，从动轮齿数是 6

B. 主动轮齿数是 12，从动轮齿数是 6

C. 主动轮齿数是 6，从动轮齿数是 12

D. 主动轮齿数是 6，从动轮齿数是 8

4. （　　）是齿轮传动装置。

A　　　　　　B　　　　　　C　　　　　　D

5. 关于轮轴，下列说法正确的是（　　）。

A. 轮轴相当于变形的杠杆　　　B. 力作用在轮上的时候费力

C. 力作用在轴上的时候省力　　D. 轮轴一定是圆形的

6. 普通自行车的主要传动方式为（　　）。

A. 皮带传动　　　B. 链传动　　　C. 滑轮传动　　　D. 齿轮传动

7. 如下图所示，摆放在地面上的四个三角形中，最稳定的是（　　）。

A　　　　　　B　　　　　　C　　　　　　D

8. 下列关于杠杆的说法，错误的是（　　）。

A. 所有剪刀都是省力杠杆的应用

B. 省力杠杆的动力臂比阻力臂长

C. 人们应用省力杠杆的目的是省力

D. 应用筷子相当于应用费力杠杆

9.（　　　）一定是冠齿轮。

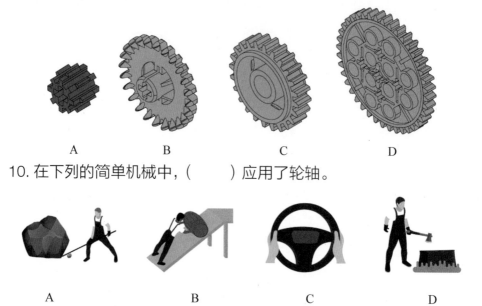

A　　　　　　B　　　　　　C　　　　　　D

10. 在下列的简单机械中,（　　　）应用了轮轴。

A　　　　　　B　　　　　　C　　　　　　D

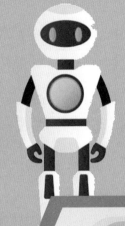

往复间歇运动机构

小帅，周末我去了博物馆，看见了指南车、驴子拉磨、纺车、舂米机等很多伟大的发明，它们都运用到了简单机械结构。

我也见过指南车，还有春秋时期的弩，那做工可太精细了。

我国是世界上机械发展最早的国家之一。中国古代在机械方面有许多发明创造，在动力的利用和机械结构的设计上都有自己的特色。

哈哈哈！说明当时我国机械加工精度已达到先进的水平，那么，我们就来认识一下都有哪些机械结构吧！

3.1 凸轮机构

要想了解什么是凸轮机构，首先要知道什么是间歇运动机构。间歇运动机构是指有些机械需要其构件周期地运动和停歇，能够将原动件的连续转动转变为从动件周期性运动和停歇的机构。

凸轮机构是间歇运动机构的一种，由凸轮、从动件和机架三个基本构件组成，如图 3.1 所示。

凸轮机构通过凸轮的转动，实现从动件的连续或间歇性等速转运动或往复直线运动，凸轮机构可以用于很多地方，如汽车引擎中的气门控制、机械手臂中的关节控制等。

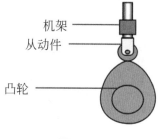

机架
从动件
凸轮

图　3.1

在我们生活中许多机械也使用到了凸轮机构，如卸货机。

智能卸货机

小朋友，你见过智能卸货机吗？它能够自动作业、自动优化路线、自动卸货。传统的物流分拣都是靠人工完成的，不仅效率低，且工作量大，需要加班加点，并且容易出错。而有了智能卸货机后，只需要将货架物放到智能卸货机上，就能自动优化路线，将货架自动搬运到目的地，即省事又很方便。

智能
卸货机

猜猜凸轮机构在哪儿！

了解智能卸货机的作用和特点后，快去把它搭建出来吧！在搭建过程中，我们还能学习更多有趣的知识！

请按照下面的搭建步骤，把智能卸货机搭建出来吧！

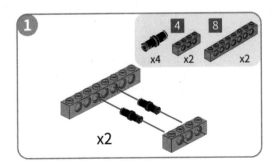

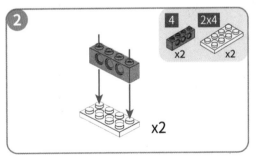

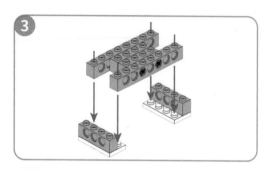

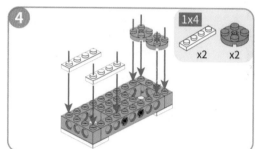

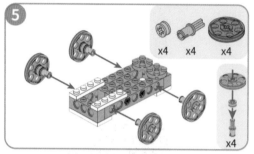

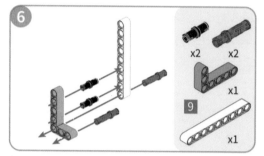

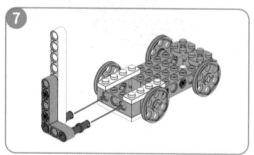

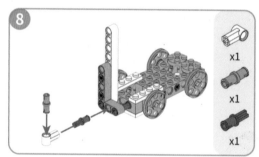

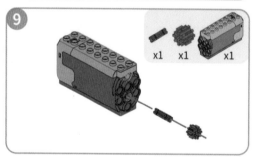

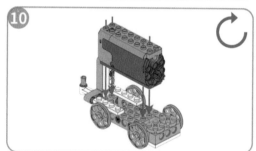

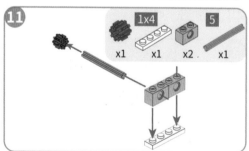

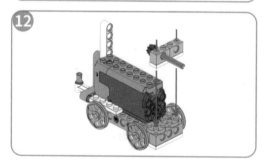

13

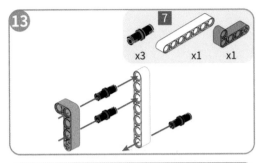

x3　　x1　　x1

14

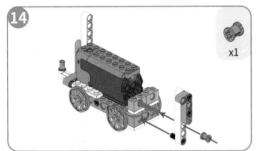

x1

15

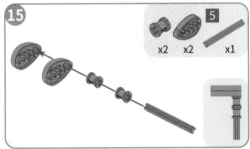

x2　x2　x1

16

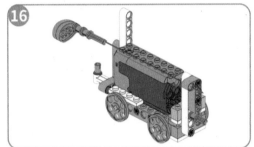

17

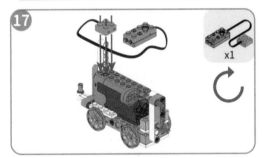

x1

18

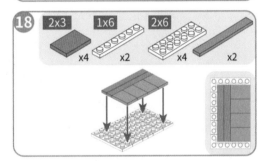

2x3　x4　　1x6　x2　　2x6　x4　　x2

19

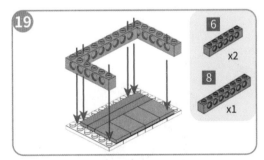

6　x2

8　x1

20

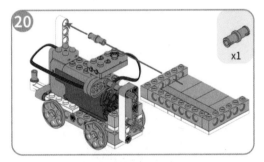

x1

21

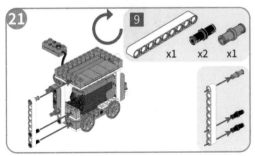

9　x1　x2　x1

22

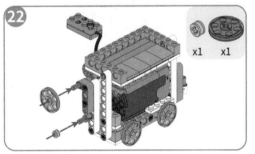

x1　x1

知识探索：

凸轮机构

智能卸货机的卸货装置运用了凸轮机构，实现卸货功能。

省力杠杆

动力臂大于阻力臂的杠杆是省力杠杆。它虽然省力，但是耗费距离。

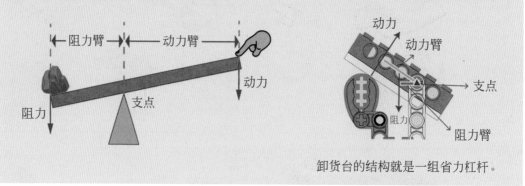

卸货台的结构就是一组省力杠杆。

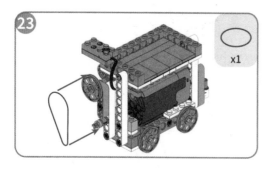

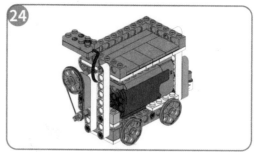

知识巩固：

皮带传动

　　一种依靠摩擦力来传递运动和动力的机械传动，由主动轮、从动轮、皮带构成。

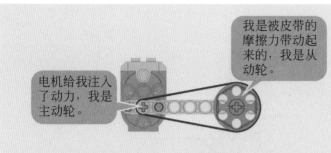

主动轮：
与电机相连的轮
子叫主动轮

从动轮：
被主动轮通过皮带
带动的轮叫从动轮。

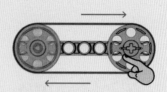

突然施加外力时，皮带会
打滑，从而保护了机械

【想一想1】　智能卸货机是通过什么机械结构实现卸
货功能的？

【想一想2】　如何让智能卸货机自动识别卸货？

小朋友，搭建完智能卸货机后，快来玩一玩吧！

边测边玩

　　将智能电机设置为智能模式后打开开关，看看智能卸货车厢能否正常
运行。

传感器设置　　　　　　　　　　　　　　　　　　　　电机设置

边比边玩

在相同的起点出发，到达终点开始卸货，看看相同时间内谁的卸货区的货最多。

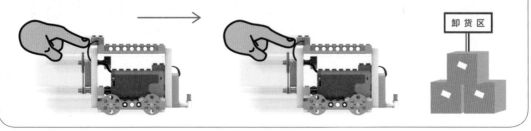

创意比拼

小朋友，你可以根据下面的创意小提示，逐步改进智能卸货机。你还有没有其他更好的办法，让智能卸货机的本领更强呢？

创意一

制作卸货牌：搭建一个卸货牌，让卸货机上的距离传感器对准卸货牌，看看会发生什么。

创意二

制作复位牌：搭建一个复位牌，当距离传感器检测到复位牌后，此时的卸货车厢是什么状态？

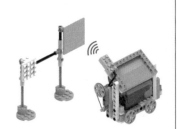

在我们的生活中，还有很多机械运用到了凸轮机构。观察一下身边的物品，有哪些物品也运用到了凸轮机构？请你记录下来。

我来分享

小朋友，经过"想一想"和"拼一拼"后，相信你收获了不少知识，对智能卸货机的机构原理肯定非常熟悉了。回顾一下自己在本节课中的学习收获吧！

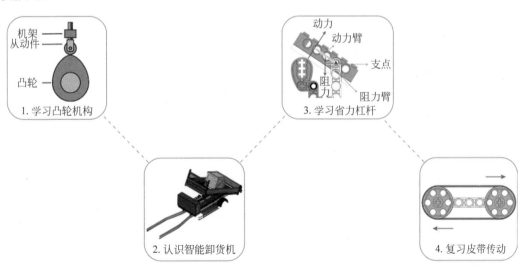

1. 学习凸轮机构

2. 认识智能卸货机

3. 学习省力杠杆

4. 复习皮带传动

小朋友，这些知识点你学会了吗？可以分享给爸爸妈妈哦！

机械收集手册

　　小朋友，你的任务是捕捉作品的精细细节，确保照片清晰、完整地展现出每个机械的功能和特点。这些照片将成为宝贵的参考资料，以便日后维护和修理所需。

拍照后打印出来粘贴在这里哦！

3.2　曲柄摇杆机构

　　曲柄摇杆机构是具有一个曲柄和一个摇杆的铰链四杆机构，如图 3.2 所示。曲柄做匀速圆周运动，摇杆做往复摆动。当曲柄为主动件时，摇杆为从动件作往复摆动。

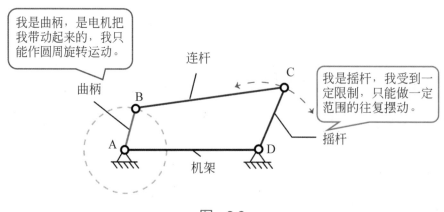

图　3.2

老师，我见过摇摇摆摆的机械小人，它是不是也运用了曲柄摇杆机构呢？

现在有很多玩具内部结构都运用了不同的机械结构，曲柄摇杆机构也不例外。

吉他手

小朋友，你弹过吉他吗？在乐团中，吉他手可以和贝斯手共同伴奏。而在街头，我们也能见到吉他手的身影，他们的弹唱吸引行走的路人停下观看，甚至有些观众会给予他们一定的赏金。

智能
吉他手

你们见过机器人吉他手吗？它是通过什么机械结构来进行弹奏表演的呢？快来搭建一个"智能吉他手"，在搭建过程中，你还能学习更多有趣的知识！

请按照下面的搭建步骤，把智能吉他手搭建出来吧！

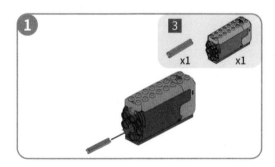

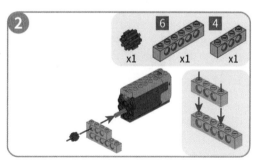

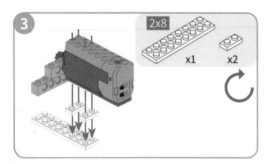

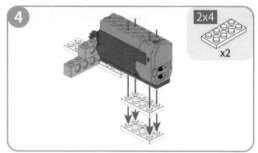

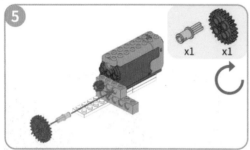

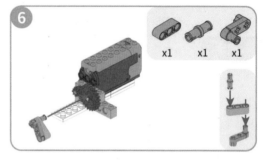

知识巩固：

齿轮减速机构

智能吉他手应用了小齿轮带动大齿轮，速度减小，力量增加的原理。

主动齿轮（8齿） 从动齿轮（24齿）

齿数比(从动:主动)=24:8=3:1
速度减小,力量增加

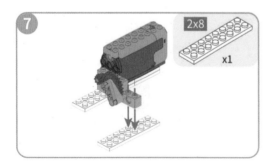

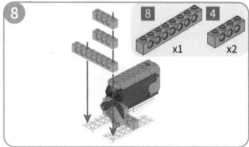

9

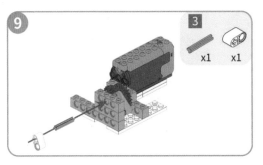

3 x1 x1

10

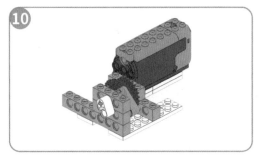

11

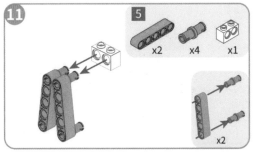

5 x2 x4 x1

x2

12

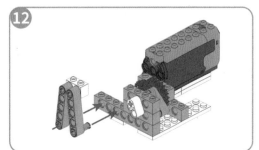

13

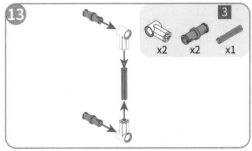

x2 x2 3 x1

14

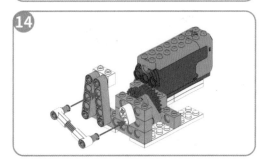

15

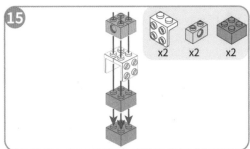

x2 x2 x2

16

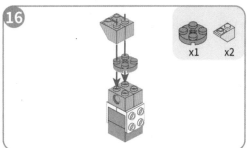

x1 x2

17

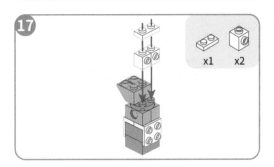

x1 x2

18

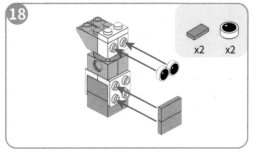

x2 x2

19
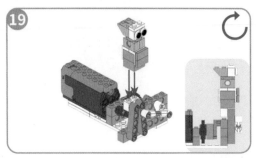

20
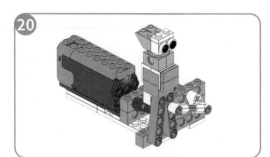

21
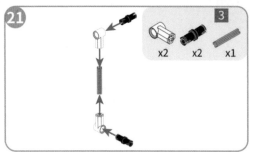

22
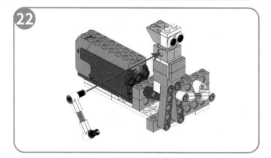

23
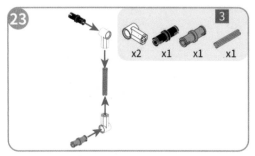

24
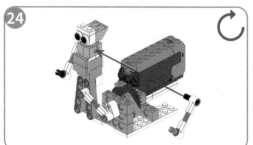

25
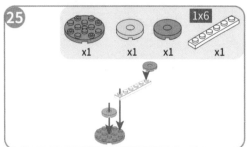

26
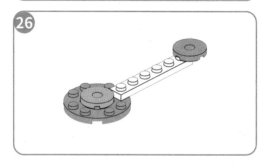

27
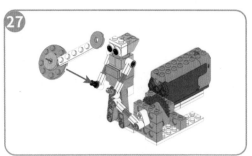

28
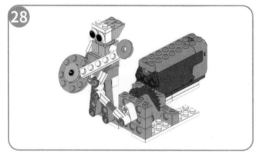

曲柄摇杆机构

智能吉他手应用曲柄摇杆机构，实现摇摆的舞蹈。

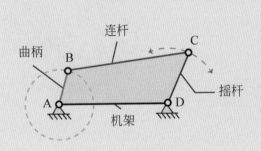

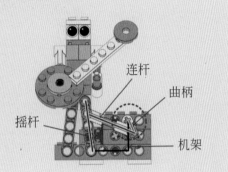

【想一想1】 智能吉他手通过什么机械机构进行演奏？

【想一想2】 吉他手怎样识别硬币？

小朋友，搭建完智能吉他手后，快来玩一玩吧！

边测边玩

把开关设置为电动模式，然后打开电机的开关，看看吉他手能否正常演奏。

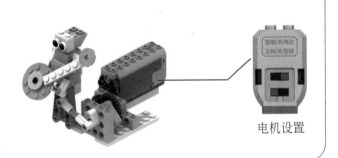

电机设置

边比边玩

设定时间为 1 分钟，看看谁的吉他手在规定时间内摇摆的次数最多。

小朋友，你可以根据下面的小创意来逐步改进你的智能吉他手哦! 你还有没有其他更好的办法,让智能吉他手更强大呢?

创意一

"即兴表演": 增加距离传感器，并把距离传感器按照下图进行调节，最后把开关设置为智能模式，并打开电机的开关，实现有观众就开始演奏。

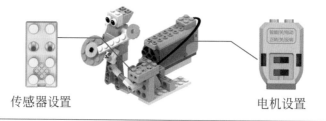

传感器设置　　　　　　　　　　　电机设置

创意二

投币功能: 设计投币箱，实现有观众投币便开始演奏。

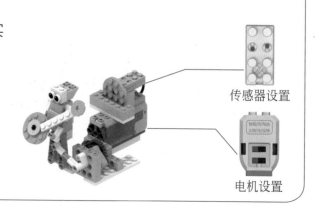

传感器设置

电机设置

曲柄摇杆机构的运用很广泛，请观察汽车挡风玻璃前的雨刮器。它是运用什么原理，把挡风玻璃上的雨珠擦掉的？

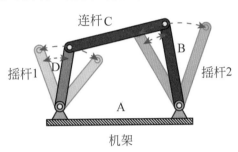

连杆C

摇杆1　D　B　摇杆2

A

机架

我来分享

小朋友，经过"想一想"和"拼一拼"后，相信你收获了不少知识，对智能吉他手的机构原理肯定非常熟悉了。回顾一下自己在本节课中的学习收获吧！

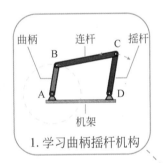

曲柄　连杆　摇杆
B　C
A　D
机架

1. 学习曲柄摇杆机构

3. 复习齿轮减速

2. 认识智能吉他手

小朋友，这些知识点你学会了吗？可以分享给爸爸妈妈哦！

 小朋友，你的任务是捕捉作品的精细细节，确保照片清晰、完整地展现出每个机械的功能和特点。这些照片将成为宝贵的参考资料，以便日后维护和修理所需。

拍照后打印出来粘贴在这里哦！

3.3 棘轮机构

棘轮机构主要由棘轮和止回棘爪组成。止回棘爪的作用是使棘轮只能向一个方向转动。当棘轮想要反转时，棘爪就会插入棘轮齿槽中，防止棘轮反转，如图 3.3 所示。

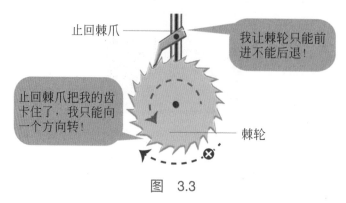

图 3.3

有了棘轮机构，我们便可以模仿昆虫的行走了。

尺蠖

小朋友们，你们见过这种昆虫吗？它们长得跟毛毛虫很像，长大后还会变成飞蛾呢！它们的学名就叫尺蠖，由于它爬行起来的样子很特别，一曲一伸，像拱桥一样，并且只朝着一个方向运动，所以别名叫步蚰、造桥虫、拱背虫、弓腰虫等。

小爬虫

了解尺蠖的特点后，快去把它搭建出来吧！在搭建过程中，你还能学习更多有趣的知识！

请按照下面的搭建步骤，把小爬虫搭建出来吧！

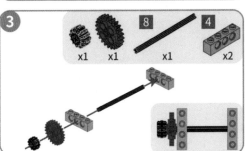

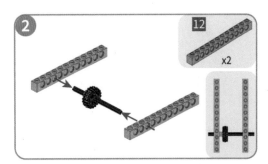

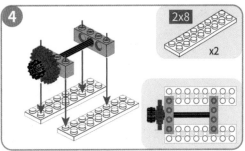

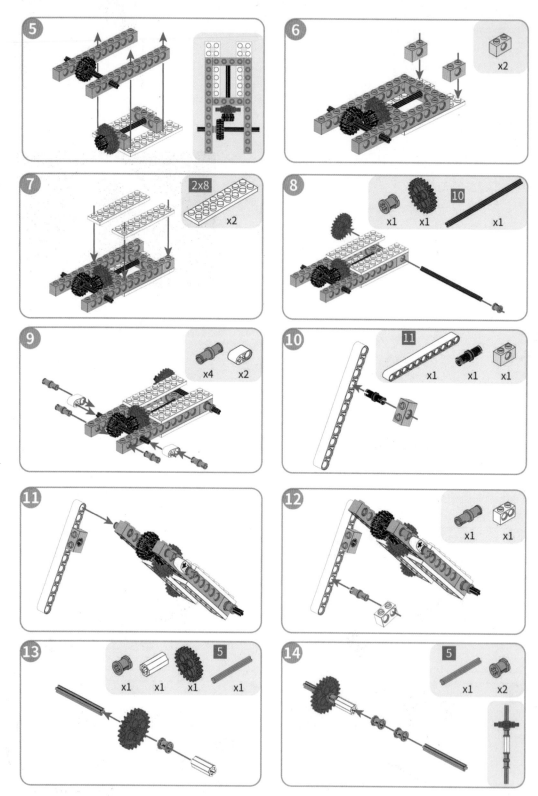

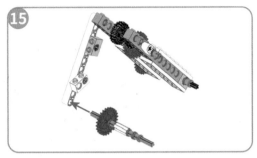

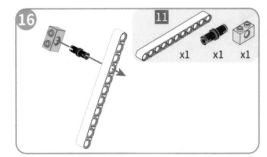

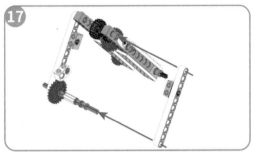

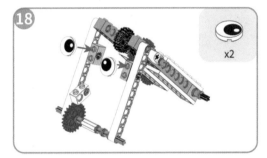

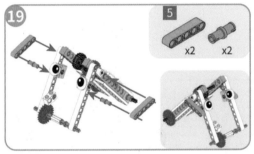

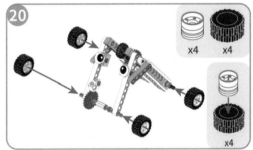

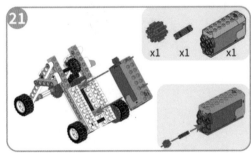

知识巩固：

棘轮机构

带有棘爪的杆往复运动带动棘轮单向间歇传动，止回爪防止棘轮反转。

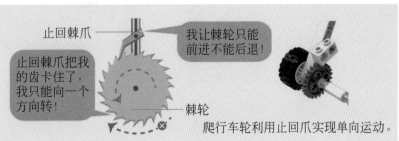

止回棘爪

止回棘爪把我的齿卡住了，我只能向一个方向转！

我让棘轮只能前进不能后退！

棘轮

爬行车轮利用止回爪实现单向运动。

【想一想1】 小爬虫是怎么爬行的呢？

【想一想2】 如何让小爬虫爬得更快呢？

小朋友，搭建完小爬虫后，快来玩一玩吧！

边测边玩

启动电机，观察小爬虫能否一伸一屈向前爬。

启动电机，让我像尺蠖一样爬行前进吧！

边比边玩

找一块空地，画出起跑线和终点线，然后与小伙伴比一比谁的小爬虫最先到达终点。

① ②

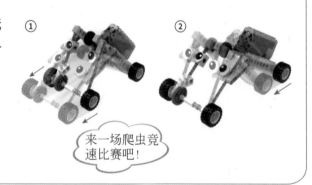

来一场爬虫竞速比赛吧！

创意比拼

小朋友，你可以根据下面的小创意来逐步改进你的小爬虫哦！你还有没有其他更好的办法，让小爬虫的爬行本领更强呢？

创意一

根据下图给小爬虫增加棘齿，看看爬行效果是否提高？

创意二

更换主动齿轮与从动齿轮，让 12 齿齿轮带动 20 齿齿轮，测试小爬虫前进的速度。

改造前

主动齿轮
(8齿)

从动齿轮
(24齿)

齿数比(从动:主动)=24:8=3:1
速度减小，力量增加

改造后

主动齿轮
(12齿)

从动齿轮
(20齿)

齿数比(从动:主动)=20:12=5:3
速度减小，力量增加

生活中的物品也运用到了棘轮机构，如自行车、千斤顶、闸门等。请你去探索一下还有哪些物品也运用了棘轮机构，把它的名称记录下来吧！

我来分享

小朋友，经过"想一想"和"拼一拼"后，相信你收获了不少知识，对小爬虫的机构原理肯定非常熟悉了。回顾一下自己在本节课中的学习收获吧！

1. 学习棘轮机构

3. 复习齿轮减速

2. 认识尺蠖

小朋友，这些知识点你学会了吗？可以分享给爸爸妈妈哦！

机械收集手册

　　小朋友，你的任务是捕捉作品的精细细节，确保照片清晰、完整地展现出每个机械的功能和特点。这些照片将成为宝贵的参考资料，以便日后维护和修理所需。

拍照后打印出来粘贴在这里哦！

3.4　曲柄摇块机构

　　曲柄摇块机构简称"摇块机构"，是具有一个曲柄和一个摇块的平面连杆机构，如图3.4所示。

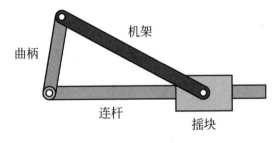

图3.4　曲柄摇块机构

　　自卸卡车车厢就是运用曲柄摇块机构实现举升的，现在我们以拳击手的模型让大家更了解它。

拳击手

　　小朋友，你们知道拳击运动吗？拳击运动是一种很古老的体育项目，最早可以追溯到古希腊时代。拳击运动考验选手的反应能力、手脚之间的协调性、个人力量以及格斗技巧。

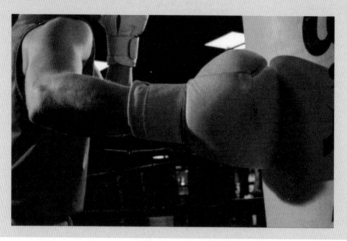

　　那么小朋友们，你们有没有想过可以通过机器人进行拳击格斗呢？

　　机器人也可以进行拳击格斗吗？我们快去把它搭建出来吧！

请按照下面的搭建步骤，把拳击手搭建出来吧！

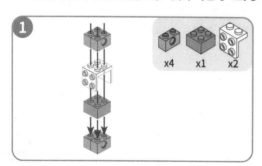

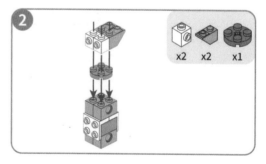

3
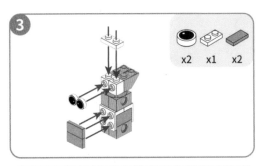

4
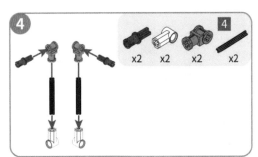

5
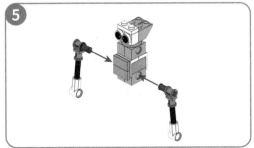

6
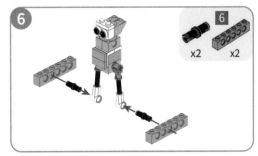

7
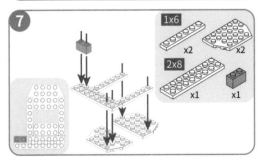

8
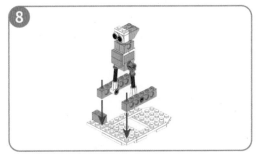

9
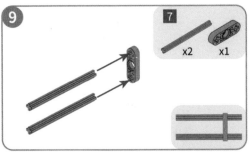

10
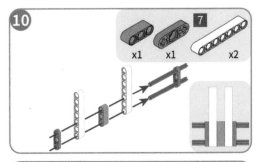

11
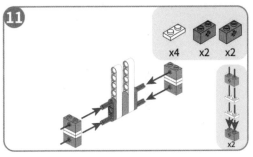

12
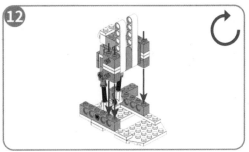

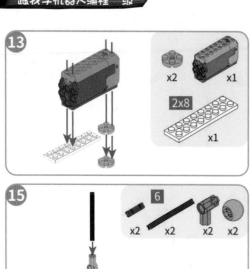

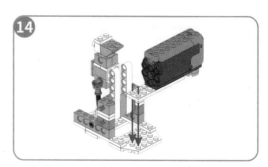

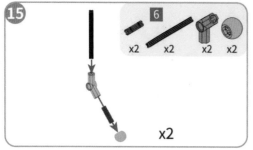

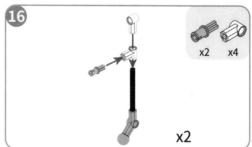

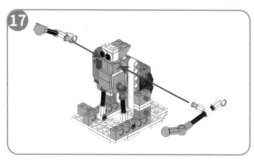

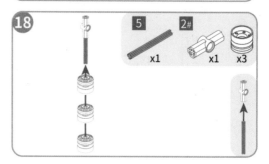

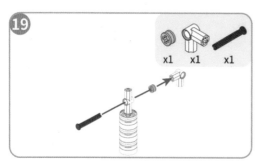

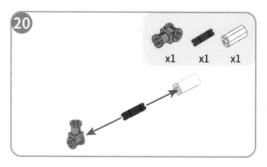

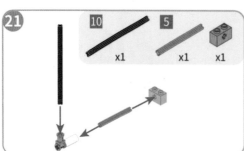

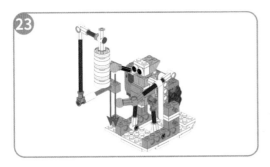

知识巩固：

　　拳击是一种往复的直线运动，左右手是交替出拳，我们可以使用曲柄摇块机构实现。

曲柄摇块机构：

　　具有一个曲柄和一个摇块的平面连杆机构。能将曲柄的旋转运动通过连杆变换为摇块和连杆的相对滑动。

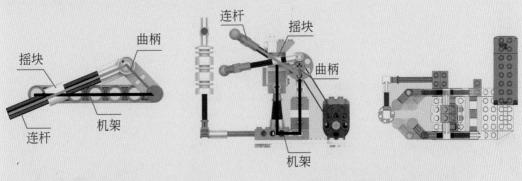

　　动力与曲柄存在较长距离，可以使用皮带传动进行动力传输。皮带传动在突然施加外力或者突然变速、负荷过高时，皮带会打滑，从而可以保护机械，不会损坏零件，适合远距离传动。

主动轮与从动轮相同，速度不变，力量不变

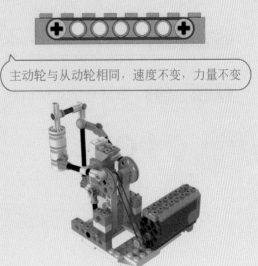

 跟我学机器人编程一级

根据搭建步骤图把皮带传动组装出来。

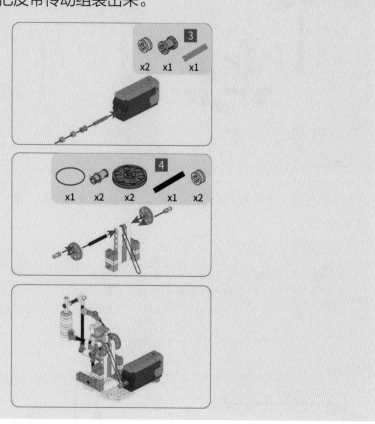

【想一想1】 你们知道拳击训练击打的东西是什么吗?

【想一想2】 怎样才能实现机器人的连续出拳?

小朋友，搭建完智能拳击手后，快来玩一玩吧!

边测边玩

　　把开关设置为电动模式，然后打开电机开关，拳击手是否可以正常做出拳动作。

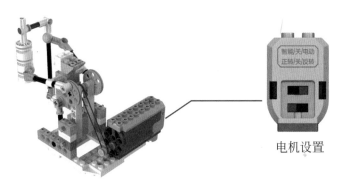

电机设置

 **创 意 比 拼**

　　小朋友，你可以根据下面的小创意逐步改进你的智能拳击手哦！你还有没有其他更好的办法，让拳击手更智能化呢？

　　按时锻炼模式：给拳击手设计一个锻炼提示器，白天拳击手积极锻炼，晚上则休息，停止锻炼。

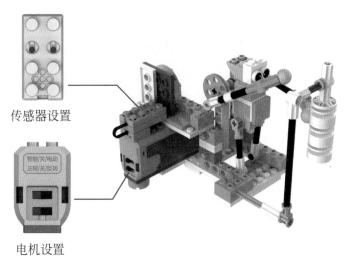

传感器设置

电机设置

查一查

观察一下身边的物品，有哪些物品运用到了曲柄摇块机构？请你记录下来。

我来分享

小朋友，经过"想一想"和"拼一拼"后，相信你学到了不少知识，对智能拳击手的机构原理肯定非常熟悉了。回顾一下自己在本节课中的学习收获吧！

1. 学习曲柄摇块机构

3. 复习皮带传动

2. 认识智能拳击手

小朋友，这些知识点你学会了吗？可以分享给爸爸妈妈哦！

机械收集手册

小朋友，你的任务是捕捉作品的精细细节，确保照片清晰、完整地展现出每个机械的功能和特点。这些照片将成为宝贵的参考资料，以便日后维护和修理所需。

拍照后打印出来粘贴在这里哦！

单 元 小 结

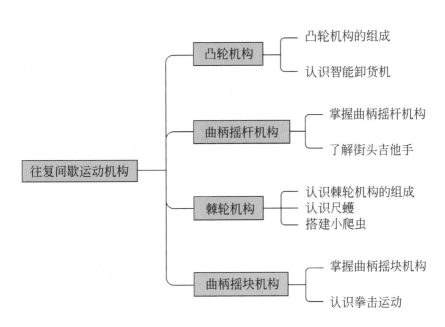

学 习 收 获

请小朋友们回顾一下自己在本章中的学习收获，并记录在下表中。

学 习 收 获	完 成 度
掌握凸轮机构原理	☆ ☆ ☆ ☆ ☆
描述智能卸货机运用的机械原理	☆ ☆ ☆ ☆ ☆
描述曲柄摇杆使用场景	☆ ☆ ☆ ☆ ☆
掌握智能吉他手的工作理解	☆ ☆ ☆ ☆ ☆
掌握棘轮机构的组成	☆ ☆ ☆ ☆ ☆
理解小爬虫的机械原理组成	☆ ☆ ☆ ☆ ☆
描述棘轮和棘爪的关系	☆ ☆ ☆ ☆ ☆
描述曲柄摇块机构原理特点	☆ ☆ ☆ ☆ ☆
描述生活中的往复运动	☆ ☆ ☆ ☆ ☆
掌握智能拳击手的工作原理	☆ ☆ ☆ ☆ ☆

其他收获：

自我评价：

综 合 能 力

序号	名　称	能 力 要 求	我能做到
1	机器人硬件组成	了解并能够表述不同类型机器人的执行部分，了解舵机与电机的区别，并了解舵机与电机的种类及工作方式。掌握运用简单的器件舵机、电机，搭建可以运动的简易机器人	☆ ☆ ☆ ☆ ☆
2	机器人运动方式	了解机器人的运动方式：基本的轮式运动底盘、万向轮底盘等，履带运动方式，以及四旋翼飞行。了解这些运动方式的优缺点以及各自的应用场景	☆ ☆ ☆ ☆ ☆

单 元 习 题

1. （　　　）是凸轮机构。

A.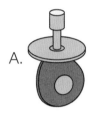

B.

C.

D.

2. 近代机器人先后演进了三代，第三代机器人被称为（　　　）。

　　A. 编程机器人　　　　　　　　B. 示教再现型机器人

　　C. 智能机器人　　　　　　　　D. 广义机器人

3. 制作一个上下击打的打铁模型，（　　　）最合适。

　　A. 行星齿轮　　　B. 棘轮机构　　　C. 凸轮机构　　　D. 滑轮组

4. 下图是（　　　）机构。

a　　　　b

　　A. 棘轮　　　　　B. 凸轮　　　　　C. 槽轮　　　　　D. 滑轮

5. （　　　）属于棘轮机构。

　　A. 凸轮　　　　　B. 从动件　　　　C. 滑块　　　　　D. 棘爪

6. 要想实现机械尺蠖单向行走功能，可以用（　　　）。

　　A. 滑轮组　　　B. 凸轮机构　　　C. 棘轮机构　　　D. 滑杆机构

7. 下图这个机构是（　　　）。

    A. 等宽凸轮机构　　　　　　　　B. 槽凸轮机构

    C. 棘轮机构　　　　　　　　　　D. 共轭凸轮机构

8. 关于曲柄摇杆机构，下列说法正确的是（　　　）。

    A. 曲柄做往复摆动　　　　　　　B. 曲柄做回转运动

    C. 摇杆做回转运动　　　　　　　D. 连杆做回转运动

9. 关于下图中的机构，说法正确的是（　　　）。

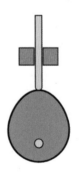

    A. 这是尖顶从动件盘形凸轮机构

    B. 这是滚子从动件盘形凸轮机构

    C. 这是平底从动件盘形凸轮机构

    D. 这不是凸轮机构

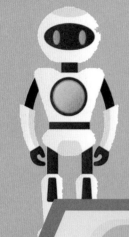

神奇的机器人

现实生活中，我们做很多事情，都需要按照一定的过程和步骤来完成，对机器人来说也是一样。

流程图可用于呈现完成一件事的过程或步骤。在流程图中，不同的形状符号代表不同的意义。

老师，这些不同的符号是指逗号、括号这些符号吗？

哈哈哈哈，当然不是啦！接下来我们一起来学习什么是流程图吧！

基本程序
结构

4.1　流程图符号

　　流程图符号是专门用来画流程图的，程序流程图表示了程序的操作顺序，它应包括：

　　（1）指明实际处理操作处理的符号，包括根据逻辑条件确定要执行路径的符号；

　　（2）指明控制流流线的符号；

　　（3）便于读写程序流程图特殊的符号。

　　图 4.1 是标准流程图所用的符号。

形 状 符 号	代 表 意 义	形 状 符 号	代 表 意 义
	开始、结束		进程

图　4.1

形 状 符 号	代 表 意 义	形 状 符 号	代 表 意 义
◇	判断	▱	输入、输出

图　4.1（续）

在程序设计中，程序结构分为顺序结构、选择结构和循环结构。

任何程序都可以由这3种基本结构组成。其中，顺序结构是最简单的程序结构，也是最常用的程序结构，任何程序都不可缺少。

4.2　顺　序　结　构

在程序框图中，顺序结构就是用流程线将程序框自上而下地连接起来，按顺序执行各个操作步骤，如图 4.2 所示，步骤 A 和步骤 B 是依次执行的，只有在执行完步骤 A 中的操作后，才能接着执行步骤 B 中的操作。

我们以智能小火车案例来练习程序设计。

图　4.2

智能小火车

火车又称铁路列车，是指在铁路轨道上行驶的车辆，通常由多节车厢组成，是人类重要的交通工具之一。

智能
小火车

了解智能小火车的作用和特点后，快去把它搭建出来吧！在搭建过程中，我们还能学习更多有趣的知识！

 拼一拼

请按照下面的搭建步骤，把智能小火车搭建出来吧！

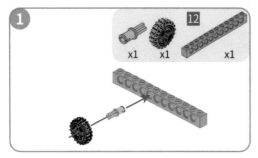

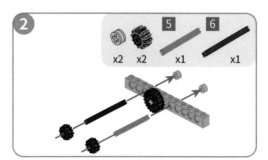

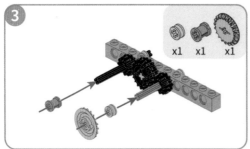

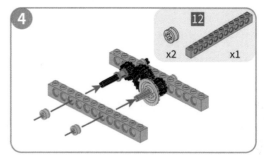

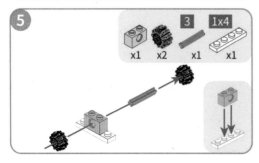

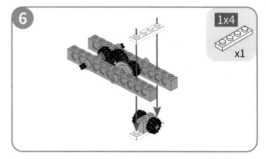

7

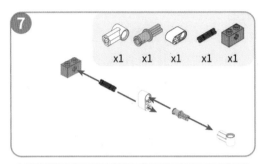

x1　x1　x1　x1　x1

8

1x4　x2

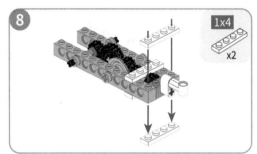

9

x4　x2　x2

x2

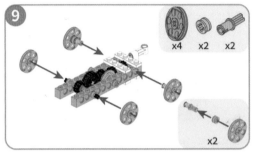

10

1x6　x2　x3

x2

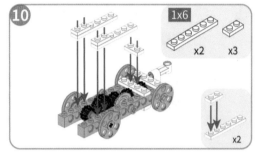

11

x1　x1　x1　4 x1　10 x1

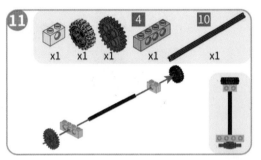

12

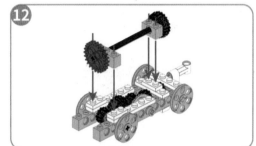

13

x1　x1　x1

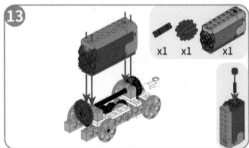

14

1x6　x2　x2

x2

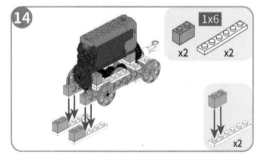

15

x2　4 x1　2x6 x1

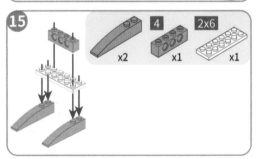

16

2x4 x2　1x4 x1　x1

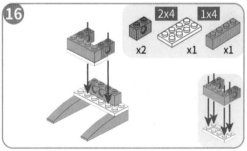

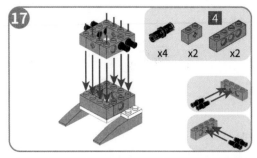

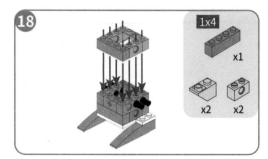

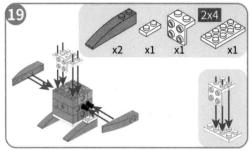

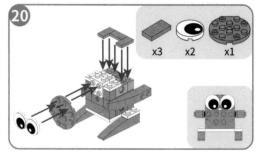

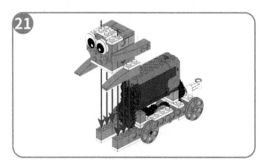

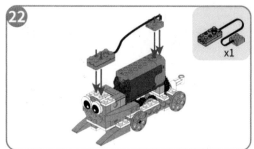

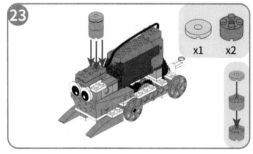

【想一想1】 火车是靠哪一节车厢带动的?

【想一想2】 如何让小火车自动停下来?

小朋友，搭建完智能小火车后，快来玩一玩吧！

边测边玩

设置为电动模式后打开开关，看看小火车能否正常运行。

电机设置

启动电机，让我开始出发吧！

边比边玩

设定好终点，小火车在相同的起点同时出发，看谁的小火车最快冲过终点。

来一场竞速比赛吧！

创意比拼

小朋友，你可以根据下面的小创意提示，逐步改进智能小火车。你还有没有其他更好的办法，让智能小火车的本领更强呢？

创 意 一

改变速度：把电机上的 8 齿齿轮与 24 齿齿轮位置调换，看看小火车的速度有什么变化。

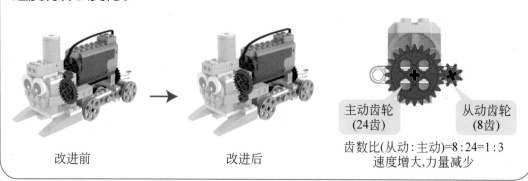

改进前　　　　　　　改进后

主动齿轮
(24齿)

从动齿轮
(8齿)

齿数比(从动：主动)=8：24=1：3
速度增大,力量减少

创 意 二

智能停车：设置传感器，让小火车实现没有障碍物就前进，识别终点（终点标识）就停下来。

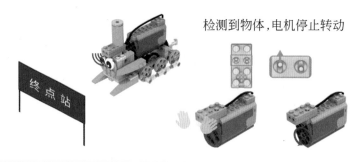

检测到物体,电机停止转动

终点站

智能小火车流程分析如图 4.3 所示。

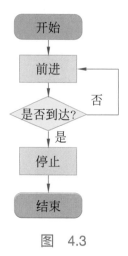

开始

前进

是否到达？　　　否

是

停止

结束

图　4.3

查一查

火车出现在 19 世纪中后期，给人们的出行带来了革命性的变化。在火车出现之前，人们的出行方式主要有步行、骑马等，你知道还有哪些其他的出行方式呢？

我来分享

小朋友，经过"想一想"和"拼一拼"后，相信你学到了不少知识，对智能小火车的机构原理肯定非常熟悉了。回顾一下自己在本节课中的学习收获吧！

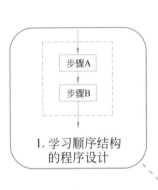

1. 学习顺序结构的程序设计

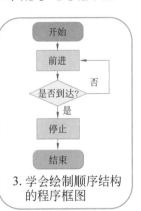

3. 学会绘制顺序结构的程序框图

2. 认识智能小火车

小朋友，这些知识点你学会了吗？可以分享给爸爸妈妈哦！

机械收集手册

小朋友，你的任务是捕捉作品的精细细节，确保照片清晰、完整地展现出每个机械的功能和特点。这些照片将成为宝贵的参考资料，以便日后维护和修理所需。

拍照后打印出来粘贴在这里哦！

4.3 选择结构

选择结构又称为条件结构或分支结构，它是程序设计中的 3 种基本结构之一。

在程序设计中，顺序结构无法描述复杂的流程。算法中经常需要对某些条件进行判断，再根据条件是否成立而有选择地执行一些操作步骤。

选择结构就是用来实现这种需求的逻辑结构。根据选择结构分支的多少，通常分为单分支选择结构、双分支选择结构和多分支选择结构。

在程序框图中，选择结构使用判断框（选择框）表示。把给定条件写在判断框内，它的两个串口分别指向两个不同的分支，在指向条件成立的出口处标明"是"或"Y"，在指向条件不成立的出口处标明"否"或"N"。一个判断框可以用来描述单分支选择结构和双分支选择结构，而通过多个判断框的组合可以用来描述多分支选择结构。图 4.4 所示的是单分支选择结构，图 4.5 所示的是双分支选择结构。

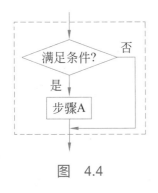

图 4.4

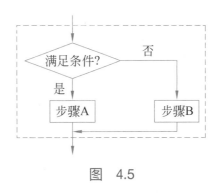

图 4.5

小朋友，你见过这种自动闸门吗？

智能道闸

闸门是生活中常见的设施，当一辆汽车开到小区的大门口时，闸门便会自动升起来；当汽车通过后，闸门又会自动降下来，这就是智能道闸。

智能道闸

我们一起来搭建一个"智能道闸"吧！在搭建过程中，我们还能学习更多有趣的知识！

请按照下面的搭建步骤，把智能道闸搭建出来吧！

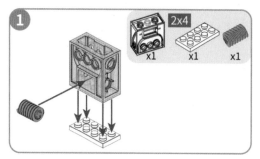

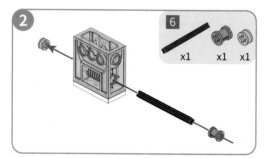

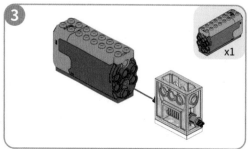

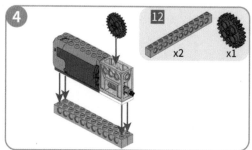

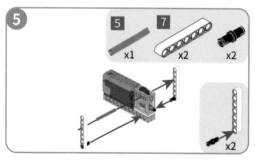

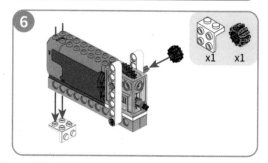

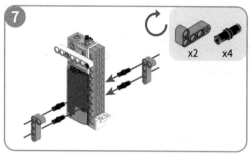

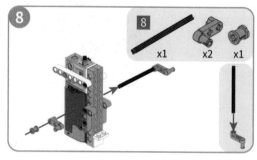

9

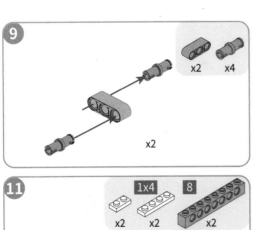

x2 x4

x2

10

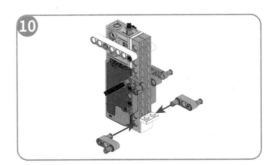

11

1x4 8

x2 x2 x2

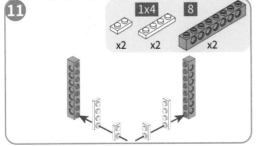

12

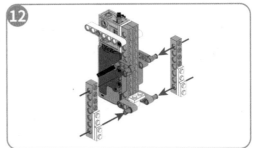

13

1x6

x1 x2 x2

x2

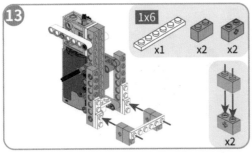

14

1x6

x1

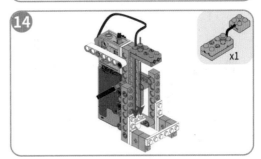

15

2x4

x1 x2

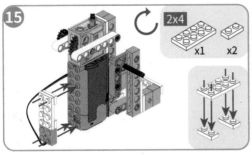

16

12 6 4 1x6

x1 x1 x1 x2 x2

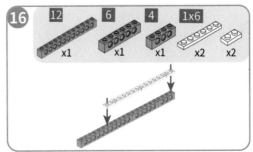

17

x1 x1

6

x1

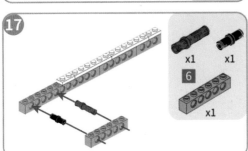

18

x2 x1

x2

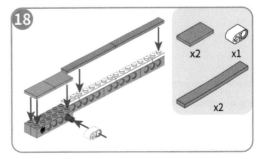

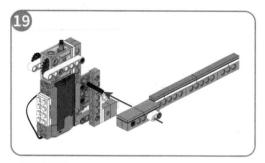

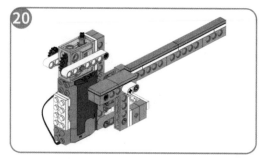

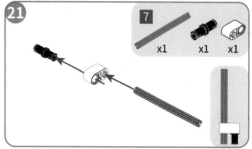

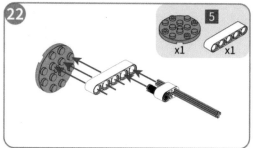

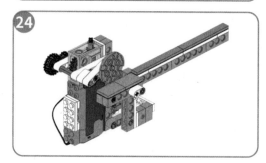

　　小朋友，智能道闸运用了什么机械原理，才能动起来的呢？

　　我知道！是蜗轮蜗杆机构带动了齿轮运作，让闸门开和关。

知识探索：

蜗轮蜗杆机构

　　蜗轮蜗杆机构一般是由蜗轮、蜗杆组成，蜗杆上有和螺丝相似的螺旋，螺旋转动时会带动蜗轮转动。

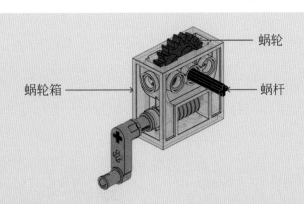

蜗杆转动 1 圈带动蜗轮转动 1 齿，所以蜗轮箱的减速效果十分明显，所使用的力量大幅增加。

由于蜗轮箱的存在，蜗轮蜗杆机构只能蜗杆带动蜗轮转动，不能由蜗轮带动蜗杆转动，所以蜗轮蜗杆结构具有自锁功能。

没错！与电机同轴的是蜗轮蜗杆机构，当蜗轮蜗杆机构运行起来就会带动同轴的减速齿轮，大齿轮和凸轮在同轴上，凸轮的作用就是驱动闸门开和关。

其实，智能道闸还运用到了杠杆原理哦！

知识探索：

费力杠杆

　　动力臂短于阻力臂的杠杆为费力杠杆，钓鱼竿、镊子、筷子等均为费力杠杆。费力杠杆费力，但省距离。智能道闸使用了费力杠杆原理，节省了动力作用的距离。

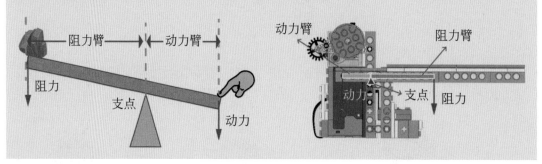

【想一想1】　智能道闸的开关门应用了什么原理？

【想一想2】　如何通过机械机构调节开门时间？

　　小朋友，搭建完智能道闸后，快来玩一玩吧！

边测边玩

　　按照下图设置传感器，然后将电机设置为智能模式，打开开关，看看闸门是否能正常工作。

传感器设置　　　　　　　　　　　　　　电机设置

边比边玩

调整好机械计时器，看看谁能最快让火车通过。

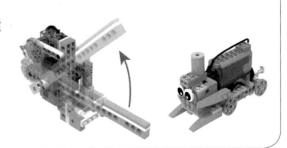

创意比拼

小朋友，你可以根据下面的小创意来逐步改进你的智能道闸哦！你还有没有其他更好的办法，让智能道闸更强大呢？

创意一

机械计时器：增加一个圆片，看看开门时间有什么变化？

改造后

创意二

改变齿轮组：把 20 齿齿轮与 12 齿齿轮位置交换，看看开门时间有什么变化？

从动齿轮
(20齿)

主动齿轮
(12齿)

齿数比(从动:主动)=20:12=5:3
速度减小,力量增加

改装前

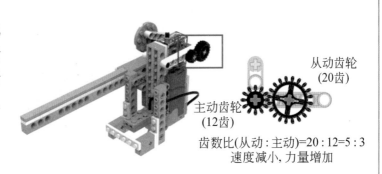

从动齿轮
(12齿)

主动齿轮
(20齿)

齿数比(从动:主动)=12:20=3:5
速度增大,力量减少

改装后

智能道闸的流程分析

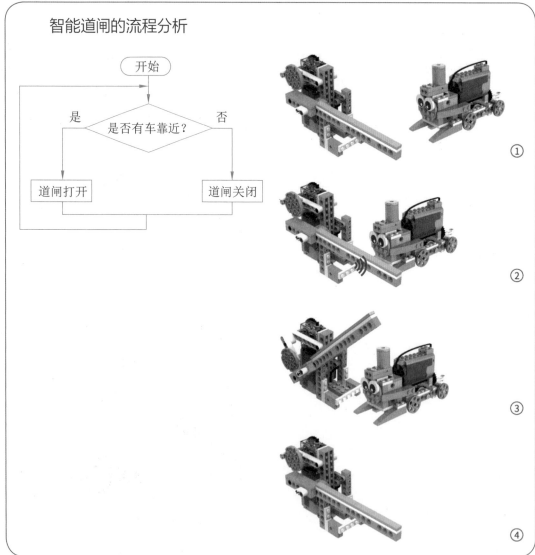

开始

是否有车靠近?

是　　　　否

道闸打开　　　道闸关闭

①

②

③

④

除了蜗轮蜗杆机构具有自锁功能，你知道在生活中还有哪些物品也具有自锁功能？

我来分享

小朋友，经过"想一想"和"拼一拼"后，相信你学到了不少知识，对智能道闸的机构原理肯定非常熟悉了。回顾一下自己在本节课中的学习收获吧！

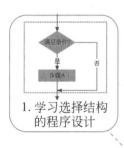

1. 学习选择结构的程序设计

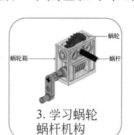

3. 学习蜗轮蜗杆机构

2. 认识智能道闸

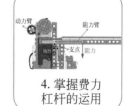

4. 掌握费力杠杆的运用

小朋友，这些知识点你学会了吗？可以分享给爸爸妈妈哦！

小朋友，你的任务是捕捉作品的精细细节，确保照片清晰、完整地展现出每个机械的功能和特点。这些照片将成为宝贵的参考资料，以便日后维护和修理所需。

拍照后打印出来粘贴在这里哦！

4.4 循环结构

循环结构是指重复执行算法中的某些步骤，直到满足某个条件时，才结束循环操作。

在程序设计中，算法的某些操作步骤会被设计为在一定条件下能够被重复执行的部分，这就是算法中的循环结构，反复执行的操作步骤称为循环体。

在程序流程图中，循环结构使用判断框和流程线表示。在判断框内写上条件，它的两个出口分别指向条件成立和条件不成立时所执行的不同操作步骤。其中一个出口指向循环体，再从循环体回到判断框的入口处；另一个出口指向循环结构之外的其他操作步骤。根据条件满足时是跳出循环还是进入循环，可以将循环结构分为直到型循环和当型循环。

如图 4.6 所示，在直到型循环结构中，先执行循环体内的操作步骤，再判断给定条件是否成立，若给定条件不成立，则再次执行循环体；如此反复，直到给定条件成立时就结束循环。因此，这样的循环结构称为直到型循环。

如图 4.7 所示，在当型循环结构中，先判断所给条件是否成立，若给定条件成立，则执行循环体内的操作步骤；再判断给定条件是否成立；若给定条件成立，则再次执行循环体；如此反复，直到某一次给定条件不成立时为止。因此，这样的循环结构称为当型循环。

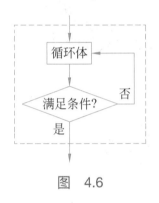

图　4.6

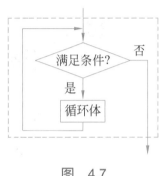

图　4.7

简单地说，直到型循环和当型循环的区别如下。

区别一：直到型循环先执行后判断，当型循环先判断后执行。

区别二：直到型循环至少执行一次循环体，当型循环可以不执行循环体。

区别三：对同一算法来说，直到型循环和当型循环的条件互为反条件。

小朋友，你知道长跑比赛吗？

马拉松

马拉松赛是一项长跑比赛项目，这个比赛项目的起源要从公元前 490 年 9 月 12 日发生的一场战役讲起。这场战役是波斯人和雅典人在离雅典不远的马拉松海边发生的，史称希波战争，雅典人最终获得了反侵略的胜利。为了让故乡人民尽快知道胜利的喜讯，统帅米勒狄派一个叫菲迪皮茨的士兵回去报信。

　　菲迪皮茨是个有名的"飞毛腿"，为了让故乡人早知道好消息，他一个劲儿地快跑，当他跑到雅典时，已上气不接下气，激动地喊道"欢——乐吧，雅典人，我们——胜利了"说完，就倒在地上死了。为了纪念这一事件，在 1896 年举行的现代第一届奥林匹克运动会上，设立了马拉松赛跑这个项目，把当年菲迪皮茨送信跑的里程——42.193 千米作为赛跑的距离。马拉松原为希腊的一个地名。

慢跑运动员

　　了解马拉松比赛的特点后，搭建一个慢跑运动员。在搭建过程中，我们还能学习更多有趣的知识！

请按照下面的搭建步骤，把慢跑运动员搭建出来吧！

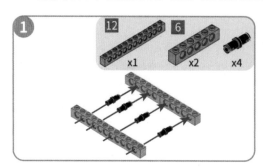

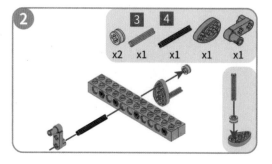

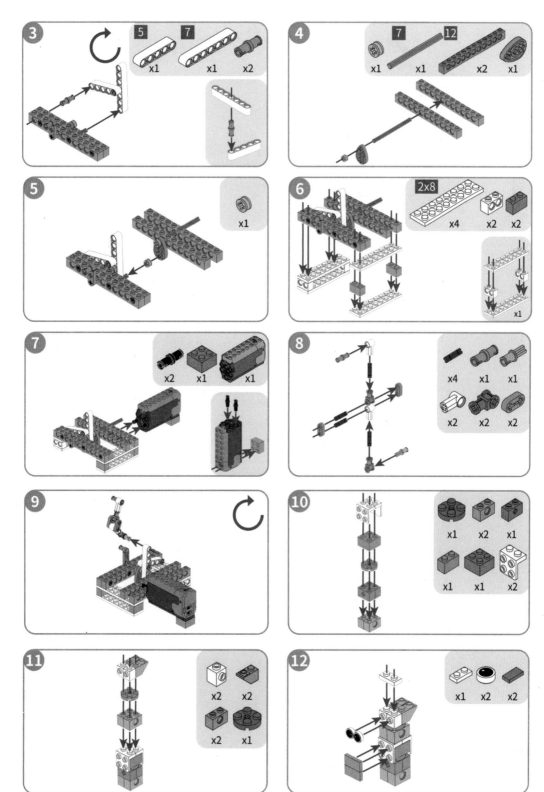

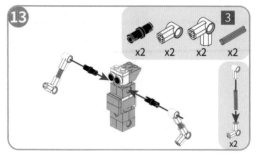

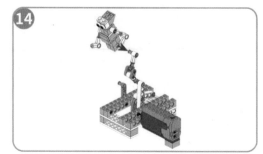

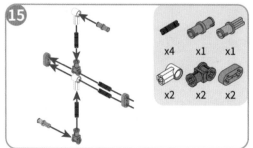

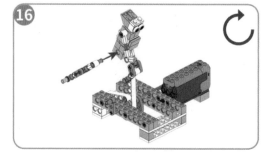

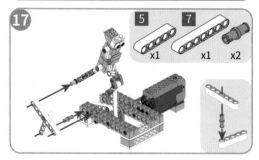

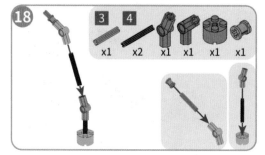

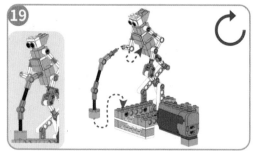

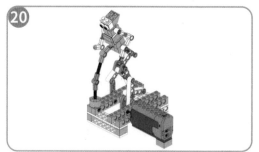

应用惰轮与减速齿轮机构可以实现运动员慢跑的效果。

老师，惰轮的工作原理是什么呢？

知识探索：

惰 轮

惰轮是指在两个不互相接触的传动齿轮中间起传递作用的齿轮。由于惰轮不改变齿轮传动效果，因此当传动距离不足时，可以通过惰轮解决。

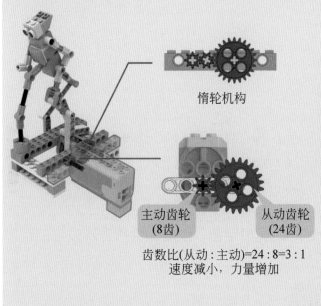

惰轮机构

主动齿轮
(8齿)

从动齿轮
(24齿)

齿数比(从动:主动)=24:8=3:1
速度减小，力量增加

根据搭建步骤图把传动装置组装出来。

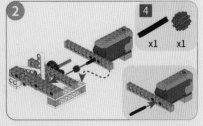

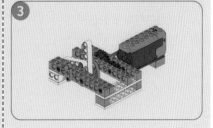

【想一想1】 跑步是一种怎样的机械运动呢？

【想一想2】 如何让慢跑运动员跑完设定的距离呢？

小朋友，搭建完慢跑运动员后，快来玩一玩吧！

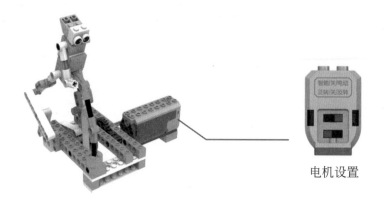

电机设置

创意比拼

小朋友，你可以根据下面的小创意逐步改进你的慢跑运动员哦！你还有没有其他更好的办法，让慢跑运动员智能化呢？

设定运动的距离：设计一个运动距离设定器，运动员会根据所设定的距离进行慢跑运动。

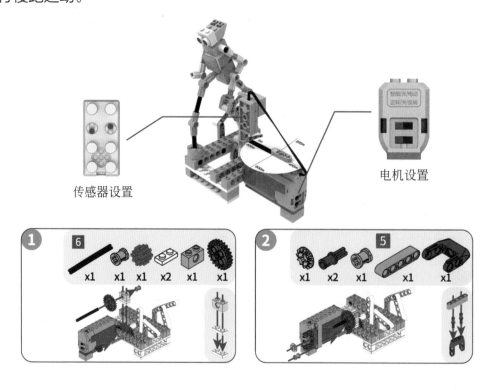

传感器设置

电机设置

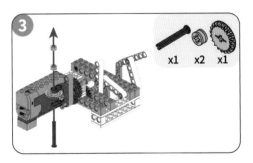

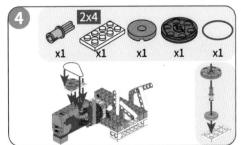

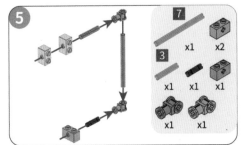

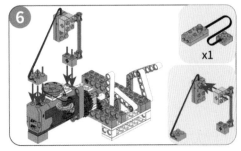

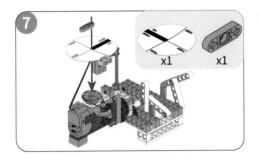

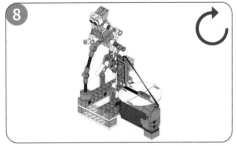

通过拨动卡纸设定跑步距离为条件，提炼的程序流程图如图 4-8 所示。

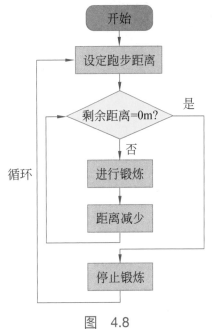

图　4.8

人们行走通常都是脚踏实地，步履稳健，但若失去地心引力作用，就如同在太空中行走一样,只能是晃晃悠悠,飘荡跳跃。这是一种什么现象呢？

我来分享

小朋友，经过"想一想"和"拼一拼"后，相信你学到了不少知识，对慢跑运动员的机构原理肯定非常熟悉了。回顾一下自己在本节课中的学习收获吧！

1. 认识马拉松

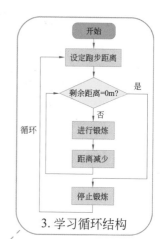

3. 学习循环结构

2. 掌握惰轮机构

小朋友，这些知识点你学会了吗？可以分享给爸爸妈妈哦！

机械收集手册

小朋友，你的任务是捕捉作品的精细细节，确保照片清晰、完整地展现出每个机械的功能和特点。这些照片将成为宝贵的参考资料，以便日后维护和修理所需。

拍照后打印出来粘贴在这里哦！

单 元 小 结

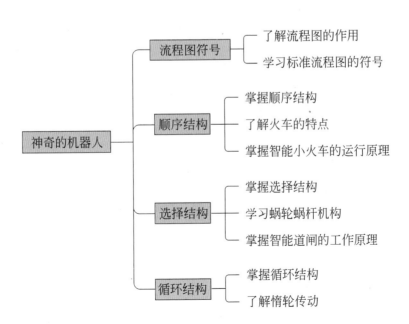

跟我学机器人编程一级

学习收获

请回顾一下自己在本章中的学习收获，并记录在下表中。

学 习 收 获	完 成 度
对流程图的概念的理解	☆☆☆☆☆
能说出智能小火车运用的机械原理	☆☆☆☆☆
描述顺序结构	☆☆☆☆☆
说出选择结构	☆☆☆☆☆
掌握智能道闸的组成	☆☆☆☆☆
理解道闸机械原理组成	☆☆☆☆☆
描述循环结构的关系	☆☆☆☆☆
说出蜗轮蜗杆的原理特点	☆☆☆☆☆
描述生活中的蜗轮蜗杆机构	☆☆☆☆☆
掌握慢跑运动员的工作原理	☆☆☆☆☆

其他收获：

自我评价：

综 合 能 力

序号	名 称	能 力 要 求	我能做到
1	机器人硬件组成	掌握运用简单的器件传感器、电机，搭建可以运动的简易机器人	☆☆☆☆☆
2	控制结构	掌握通过顺序结构、选择结构、循环结构的程序控制机器人运动	☆☆☆☆☆

单元习题

1. 关于下图中的玩具，以下说法正确的是（　　　）。

    A. 这个玩具为移动凸轮机构

    B. 这个玩具为平底从动件凸轮机构

    C. 这个玩具为摆动从动件凸轮机构

    D. 这个玩具将直线往复运动转换为圆周运动

2. 关于连杆机构，下列说法错误的是（　　　）。

    A. 汽车发动机含有连杆机构

    B. 剪叉式升降机采用连杆机构

    C. 挖掘机机械臂采用连杆机构

    D. 骑自行车时大腿、小腿与自行车曲柄构成曲柄滑块机构

3. 关于曲柄摇杆及曲柄滑块，下列说法正确的是（　　　）。

    A. 曲柄滑块机构只由曲柄及滑块两部分组成

    B. 曲柄滑块机构只能将直线往复运动转化为圆周运动

    C. 曲柄摇杆机构与曲柄滑块机构都包含连杆机构

    D. 曲柄摇杆机构只能将圆周运动转化为往复摆动

4. 齿轮传动的缺点是（　　　）。

    A. 噪声比较大   B. 能精确的传递动力

    C. 容易打滑   D. 只能在同一平面内安装

5. 关于下图机械结构各部分的动作，说法正确的是（   ）。

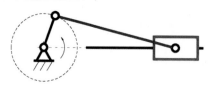

A. 曲柄做摇摆运动   B. 曲柄做圆周运动

C. 连杆做圆周运动   D. 滑块做圆周运动

6. 下图棘轮机构中，蓝色零件为（   ）。

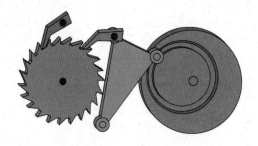

A. 止回棘爪   B. 主动棘爪   C. 主动摆杆   D. 机架

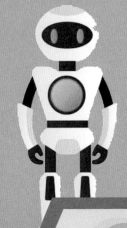

超好玩的编程

 小萌，昨天晚上，我爸爸用程序给我做了一个有趣的"打地鼠"游戏，可好玩儿了！你可以和我比一比，看看谁打的地鼠多。

 好呀！小帅，你爸爸是怎么用程序做出游戏的呢？我好想学学！

 人们通过编程语言能够高效地与计算机进行交流，控制计算机按照人们的意愿进行工作。

 由积木块组成的图形化编程语言，是一个有魔力的编程工具，能够轻松地创作出各种交互式故事、游戏、动画、音乐、美术作品或其他应用程序。

开始前的准备

5.1　开始前的准备

 图形化编程

图形化编程采用图形化、可视化的编程方式。在学习的过程中，我们可以通过鼠标拖曳积木块实现程序逻辑。同时它也是积木式的编程，我们可以像搭积木一样轻松完成一个个动画、游戏的设计。图形化编程简单、易读、易上手，是入门学习编程的最佳选择，如图 5.1 所示。

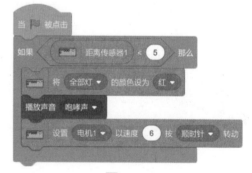

图　5.1

图形化编程软件

机器人为什么可以工作，可以执行任务？

这是因为有一个人与机器人沟通的编程平台，并且将在平台上编写好一套特定的程序存储在控制系统中。当需要机器人工作时，启动相应的程序即可完成操作。

"TDprogram"是为了让小朋友们更好地掌握机器人编程，结合了美国麻省理工学院的 Scratch 3.0 而专门开发的一款图形化编程教学工具，如图 5.2 所示。

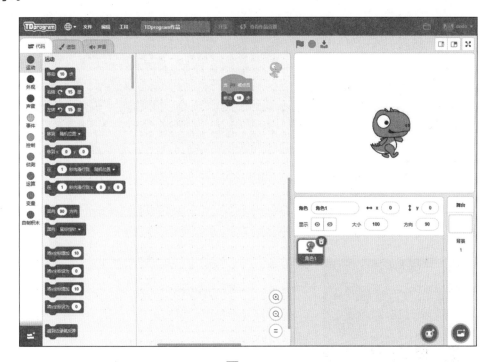

图　5.2

它将程序语言设计成一块块的积木块，我们不需要写代码，只需要拖动相应的积木块，按照一定的结构把积木块堆叠在一起，就可以让机器人执行相应的任务。

3. 使用 TDprogram 编辑器

 小朋友，在能够访问互联网的情况下，通过网络浏览器（Baidu、IE、Firefox、Edge 等）访问途道科技官方网站的 TDprogram 编辑器，就能够创作和管理应用程序项目，不需要在用户的计算机中下载和安装 TDprogram 软件。

途道科技官方网站的网址是 http://www.td-robot.com/Software/TDprogram，在浏览器的地址栏中输入 http://www.td-robot.com/Software/TDprogram，按 Enter 键即可，如图 5.3 所示。

图　5.3

进入官网后，选择你要下载的操作系统。下载好 TDprogram link 后，回到计算机桌面，如图 5.4 所示。

图　5.4

单击 TDprogram link 的安装包，选择解压文件，这时我们就能看到电脑桌面上这个蓝色的小图标，单击并打开它，如图 5.5 所示。安装好之后，单击运行桌面上的 TDprogram link 小图标。

图　5.5

单击运行桌面上的 TDprogram link 小图标，如图 5.6 所示。

图　5.6

安装好 TDprogram link 插件，之后再访问 TDprogram 编辑器页面，在浏览器上输入 http://tdprogram.td-robot.com/，就可以进入我们的编程页面了，如图 5.7 所示。

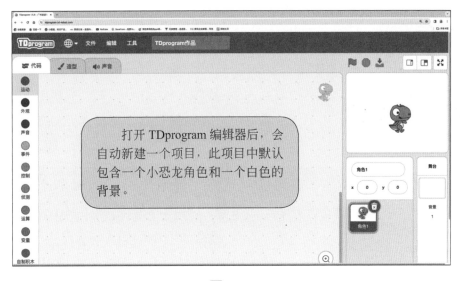

图　5.7

4. 让小恐龙动起来吧!

讲了这么多,大家是不是想一显身手啦?接下来先试试手,让 TDprogram 中的小恐龙动起来。

认识指令积木

指令积木名称	积木块图标	功　　能
开始积木块	当 被点击	启动、开始程序
移动 10 步积木块	移动 10 步	让角色面向方向移动,步数自定
切换下一个造型积木块	下一个造型	按顺序将角色切换为下一个造型

认识了这些积木块,肯定能帮助我们,快来给它编写程序吧!

【想一想1】 使用什么指令积木,可以让小恐龙运动起来呢?

【想一想2】 如何运用程序切换造型?

在指令积木区单击黄色的"事件"按钮。让指令积木区显示"事件"积木块。将▶积木块拖动到脚本区,如图5.8所示。

图 5.8

在指令积木区单击蓝色的"运动"按钮，让指令积木显示"运动"指令积木块，并将"移动 10 步"积木块拖动到脚本区，如图 5.9 所示。

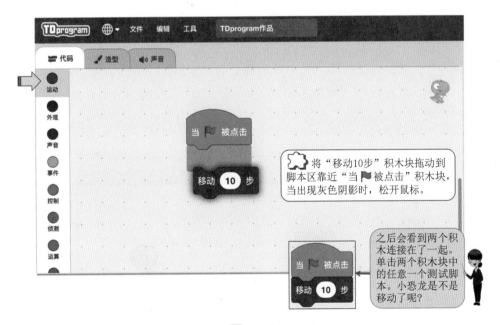

将"移动10步"积木块拖动到脚本区靠近"当 🏳 被点击"积木块，当出现灰色阴影时，松开鼠标。

之后会看到两个积木连接在了一起。单击两个积木块中的任意一个测试脚本。小恐龙是不是移动了呢？

图 5.9

在代码区单击紫色的"外观"按钮，将"下一个造型"积木块拖动到脚本区。将"下一个造型"积木块拖动到脚本区靠近"移动 10 步"积木块，当出现灰色阴影时，松开鼠标，如图 5.10 所示。

你会看到 3 个积木块连接在了一起，如图 5.11 所示。再次测试脚本，在积木块上单击，小恐龙是不是移动了 10 步后，更换了一个造型，看起来像是走路一样！

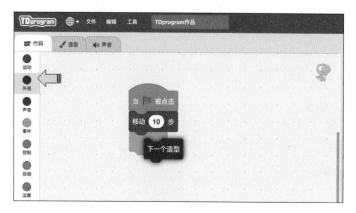

图　5.10

图　5.11

我来运行程序。单击▶，如图 5.12 所示，脚本开始运行，小恐龙向右移动了 10 步后换了一个造型，我们成功了！

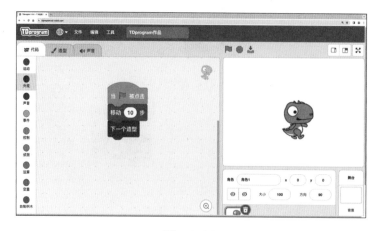

图　5.12

将作品保存到计算机，这样便于下次查看或修改。单击"文件"菜单，在打开的菜单中单击"保存到电脑"命令，如图 5.13 所示。

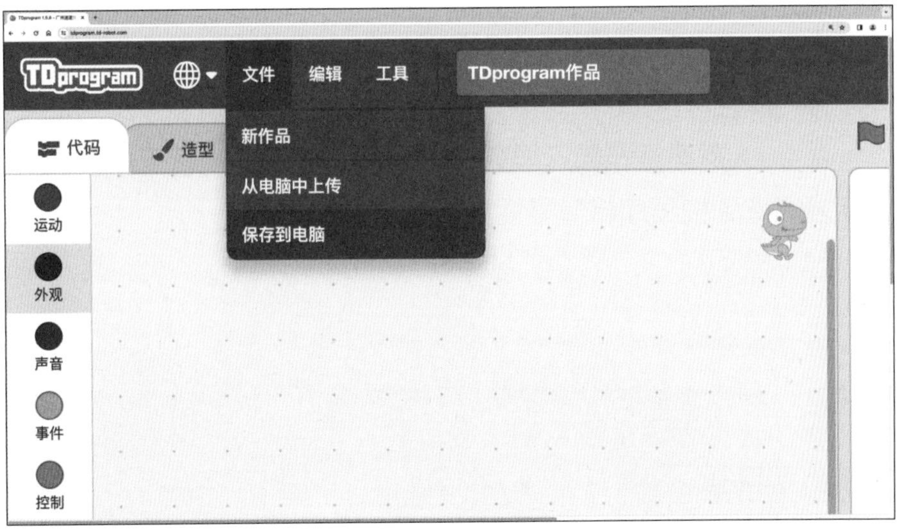

图　5.13

　　小朋友，你可以根据下面的小创意逐步改进你的程序哦！你还有没其他更好的办法，让程序更好玩、更有趣呢？

创意一

　　增加"重复执行"积木块和"等待 1 秒"积木块，让小恐龙实现"走路"的效果。

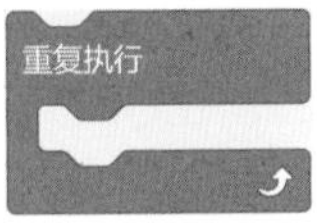

"重复执行"积木块

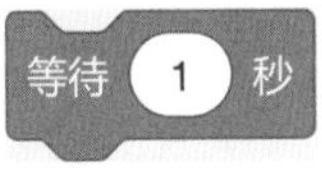

"等待1秒"积木块

运行程序后，小恐龙移动的步数增加了，原来我们可以通过修改移动步数的数值，改变角色的运动位置。

如何才能做到按顺序将背景切换为下一个背景呢？

我来分享

小朋友，经过"想一想"和"编一编"后，相信你收获了不少知识，对编写程序的步骤和方法肯定非常熟悉了。回顾一下自己在本节课中的学习收获吧！

1. 认识图形化编程

2. 下载了TDprogram编程平台

3. 学习编程指令积木

4. 给小恐龙编写程序，让它动起来

小朋友，这些知识点你学会了吗？可以分享给爸爸妈妈哦！

机械收集手册

　　小朋友，你的任务是捕捉作品的精细细节，确保照片清晰、完整地展现出每个机械的功能和特点。这些照片将成为宝贵的参考资料，以便日后维护和修理所需。

拍照后打印出来粘贴在这里哦！

5.2　运行程序试试看吧！

运行程序
试试看

　　你们见过会飞的小猫吗？在 TDprogram 编程项目中，我们可以自己编写让小猫飞起来的游戏。

　　真的吗？这样的程序编写起来会不会很难呢？

认识指令积木

指令积木名称	积木块图标	功　　能
角色大小积木块	将大小设为 100	可在程序运行时设定角色大小
增加 Y 坐标积木块	将y坐标增加 10	增加角色的 Y 轴坐标（设定正数增加，也可以设定负数减少）
空格键是否按下积木块	按下 空格 键?	判断空格指定按键是否按下

掌握指令积木的使用后，我们开始编写程序吧！

【想一想1】 程序运行后，当小猫碰到建筑物时，动画会发生什么变化呢？

【想一想2】 如何控制小猫上下移动呢？

制作的第一步，先删除不要的小恐龙，然后添加需要的背景。先单击角色区的小恐龙，再单击小恐龙右上角的 按钮，如图5.14所示，即可删除小恐龙。

在舞台区单击"选择一个背景"按钮，如图5.15所示，打开背景库对话框。在背景库里找到"Blue Sky 2"背景图，如图5.16所示，将其添加为舞台背景。

图 5.14

图 5.15

第 5 单元　超好玩的编程

图　5.16

　　背景添加好后，接下来开始添加角色。单击角色区的"选择一个角色"按钮，如图 5.17 所示。在角色选择面板单击"所有"标签，然后单击"Cat Flying"和"Buildings"，如图 5.18 所示，即可将其添加到舞台。

图　5.17

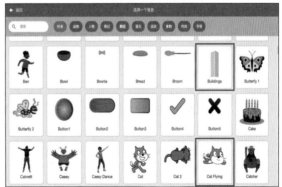

图　5.18

　　这就是添加到舞台的"Cat Flying"和"Buildings"角色。在角色列表中还可以看到角色缩略图，如图 5.19 所示。

143

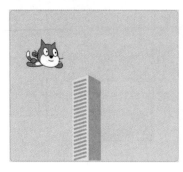
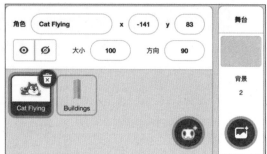

图 5.19

小朋友，角色和背景添加好后，接下来开始为角色编写代码！

现在开始为"Cat Flying"编写代码。单击角色区中的角色缩略图，选中此角色，选中后的角色有一个蓝色的外框，如图 5.20 所示。

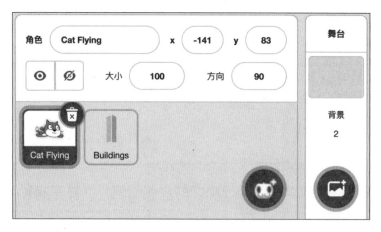

图 5.20

单击"代码"标签。一般新建的项目默认已经打开"代码"标签。单击黄色的"事件"按钮。将鼠标放到积木块上面，然后将其拖动到脚本区，如图 5.21 所示。

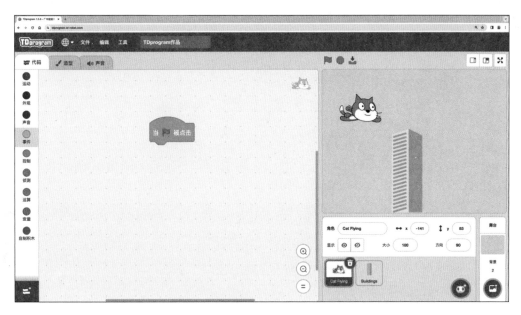

图　5.21

　　单击紫色的"外观"按钮。将鼠标放到 积木块上面，然后将其拖动到脚本区。将积木参数修改为"50" ，如图 5.22 所示。这样小猫就会由大变小啦！

图　5.22

将"运动""控制"按钮下的 _{将y坐标增加 10} 积木块和

积木块拖动到脚本区，并与上方的积木

块连接在一起。此时我们要让小猫能上下移动，

将 _{将y坐标增加 10} 积木块参数分别修改为"-5""15"，如

图 5.23 所示，并且让程序重复执行。

设置为当我们按下"空格键"，小猫就会上下

移动。

这时就会用到判断模块，将"控制"按钮下的

积木块拖动到 _{将y坐标增加 -5} 下方，把"侦测"按

钮下的 按下 空格 ▼ 键? 积木块放入 如果 那么 积木块的菱

形框中，如图 5.24 所示。

图 5.23

图 5.24

接着编写如果小猫在游戏中碰到了建筑物，那么游戏就会停止，游戏就结束。

将 如果 那么 积木块拖动到 重复执行 积木块中，此时

就要判断小猫是否碰到建筑物，将"侦测"按钮下的

碰到 鼠标指针 ? 积木块参数改为碰到 Buildings 碰到 Buildings ▼ ?，

当小猫碰到建筑物时，那么全部的脚本将停止。将"控制"按钮下的 停止 全部脚本 ▾ 积木块拖动到 如果 那么 积木块中。小猫的程序就编写完成，如图 5.25 所示。

小猫的程序编写完成了，我们快来运行程序看看效果吧！单击 🚩，开始游戏。

接下来，要给建筑物编写代码！你准备好了吗？

图　5.25

单击"造型"标签，可以看到 Buildings 有 10 个造型，我们可以使用不同的造型来实现不同的动作，如图 5.26 所示。

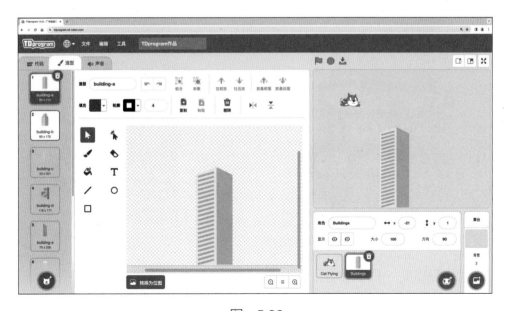

图　5.26

此时建筑物需要从右边开始移动到左边。这个程序该怎么实现呢？

图 5.27

首先要给建筑物角色设置坐标位置，如图5.27所示，将 积木参数改为"250"。

建筑物会从右边移动到左边，然后消失。所以我们将 积木参数改为"−10"，让建筑物重复执行 50 次，如图5.28所示。

还有还有！将"外观"按钮下的 积木块，拖动到重复执行脚本中，如图5.29所示。这样就可以实现切换不同的建筑物造型。

图 5.28

图 5.29

注意：每写完一段脚本后，先测试一下，看看是否是想要的结果。如果不是，再对脚本进行调整。

图 5.30

在设计小猫上下移动的程序中，我们运用到了 按下 空格▼ 键? 积木块，在不用积木块的情况下，还有什么办法实现这个功能？

我来分享

小朋友，经过"想一想"和"编一编"后，相信你学到了不少知识，对编写会飞的小猫程序的步骤和方法肯定非常熟悉了。回顾一下自己在本节课中的学习收获吧！

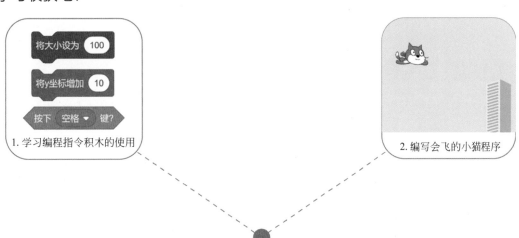

将大小设为 100

将y坐标增加 10

按下 空格▼ 键?

1. 学习编程指令积木的使用

2. 编写会飞的小猫程序

小朋友，这些知识点你学会了吗？可以分享给爸爸妈妈哦！

机械收集手册

小朋友，你的任务是捕捉作品的精细细节，确保照片清晰、完整地展现出每个机械的功能和特点。这些照片将成为宝贵的参考资料，以便日后维护和修理所需。

拍照后打印出来粘贴在这里哦！

单元小结

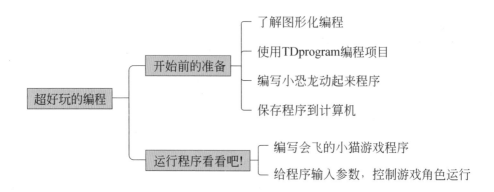

超好玩的编程

开始前的准备
- 了解图形化编程
- 使用TDprogram编程项目
- 编写小恐龙动起来程序
- 保存程序到计算机

运行程序看看吧！
- 编写会飞的小猫游戏程序
- 给程序输入参数，控制游戏角色运行

学 习 收 获

请小朋友们回顾一下自己在本章中的学习收获，并记录在下表中。

学 习 收 获	完 成 度
对图形化编程的理解	☆☆☆☆☆
能将指令积木拖动到脚本区	☆☆☆☆☆
描述小恐龙动起来的流程	☆☆☆☆☆
学会保存程序到计算机	☆☆☆☆☆
掌握让小猫左右移动的代码编写	☆☆☆☆☆
能切换下一个造型	☆☆☆☆☆
描述建筑物是从什么位置移动到什么位置	☆☆☆☆☆
说出建筑物的 X 坐标设为多少	☆☆☆☆☆
能完成代码编写的测试	☆☆☆☆☆

其他收获：

自我评价：

综 合 能 力

序号	名　称	能 力 要 求	我能做到
1	图形化编程平台的使用	了解图形化编程的概念，掌握图形化编程平台基本功能的使用方法	☆☆☆☆☆
2	程序开发	（1）掌握调试控制程序的观察法； （2）能够运用图形化编程环境	☆☆☆☆☆

单 元 习 题

1. 从角色库中添加"Apple"角色，把一个"Apple"变成如右图所示的图形，需要在图形编辑器中进行（　　）操作。

A. 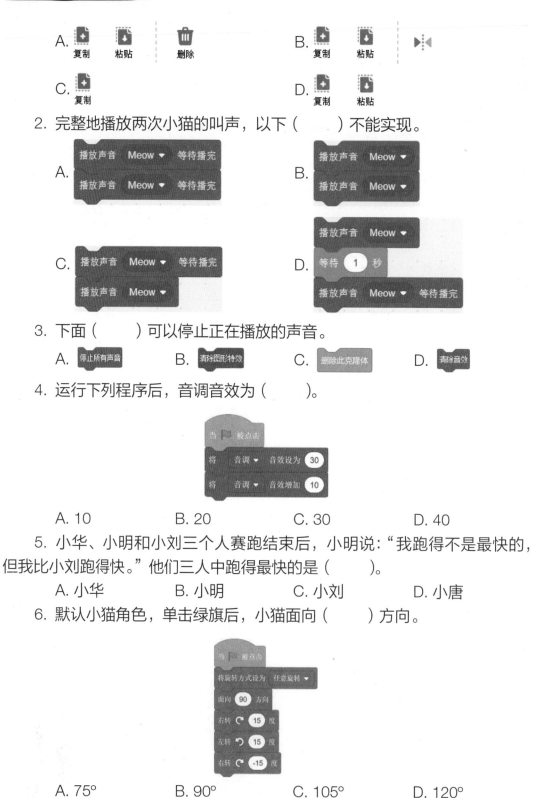 复制　粘贴　删除　　　　　　B. 复制　粘贴

C. 复制　　　　　　　　　　　　　D. 复制　粘贴

2. 完整地播放两次小猫的叫声，以下（　　　）不能实现。

A. 播放声音 Meow ▾ 等待播完
　 播放声音 Meow ▾ 等待播完

B. 播放声音 Meow ▾ 等待播完
　 播放声音 Meow ▾

C. 播放声音 Meow ▾ 等待播完
　 播放声音 Meow ▾

D. 播放声音 Meow ▾
　 等待 1 秒
　 播放声音 Meow ▾ 等待播完

3. 下面（　　　）可以停止正在播放的声音。

A. 停止所有声音　　B. 清除图形特效　　C. 删除此克隆体　　D. 清除音效

4. 运行下列程序后，音调音效为（　　　）。

当 ▶ 被点击
将 音调 ▾ 音效设为 30
将 音调 ▾ 音效增加 10

A. 10　　　　　B. 20　　　　　C. 30　　　　　D. 40

5. 小华、小明和小刘三个人赛跑结束后，小明说："我跑得不是最快的，但我比小刘跑得快。"他们三人中跑得最快的是（　　　）。

A. 小华　　　　B. 小明　　　　C. 小刘　　　　D. 小唐

6. 默认小猫角色，单击绿旗后，小猫面向（　　　）方向。

当 ▶ 被点击
将旋转方式设为 任意旋转 ▾
面向 90 方向
右转 ↻ 15 度
左转 ↺ 15 度
右转 ↻ -15 度

A. 75°　　　　B. 90°　　　　C. 105°　　　　D. 120°

7. 默认小猫角色，执行下列程序，选项正确的是（　　　）。

A. 不旋转 B. 旋转 50° C. 旋转 90 度。 D. 旋转 140°

8. 下列（ ）操作能把作品保存起来。

A. 单击【保存到计算机】选项 B. 单击【从计算机中上传】选项

C. 单击【新作品】选项 D. 单击地球图标

9. 红绿灯角色里有两个造型，当前造型是绿灯，如果想把绿灯切换为红灯，请问下列（ ）不能实现。

A.  B.

C. 单击红灯造型 D.

10. 下面关于造型和背景的说法，错误的是（ ）。

A. 角色可以有很多个造型，舞台可以有很多个背景

B. 可以在角色程序中切换背景

C. 在舞台程序中，不能切换角色造型

D. 只能从本地上传角色，不能从本地上传背景

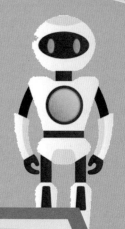

附 录 A

PAAT 全国青少年编程能力等级考试

机器人编程（预备级）样卷

（考试时间 90 分钟，满分 100 分）

一、选择题（共 15 题，每题 5 分，共 75 分）

1. 下面属于机器人的是（　　）。

|　　　　A|　　　　B|　　　　C|　　　　D|

标准答案：C

2. 下面属于人形机器人的是（　　）。

|　　　　A|　　　　B|　　　　C|　　　　D|

标准答案：A

3. 下面属于图形化编程语言的是（　　）。

    A. Blockly   B. Python   C. Java   D. C++

标准答案：A

4. 下面运动方式属于四旋翼飞行的是（　　）。

|　　　　A|　　　　B|　　　　C|　　　　D|

标准答案：B

5. 下面属于链传动的是（　　　）。

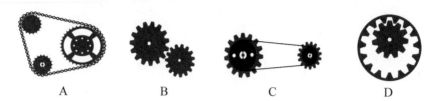

A　　　　　B　　　　　C　　　　　D

标准答案：A

6. 下面属于加速结构，能让灰色齿轮转得更快的是（　　　）。

主动轮　　　　　　主动轮　　　　　　主动轮

A　　　　　　　　B　　　　　　　　C

标准答案：A

7. 下面结构中，最不容易变形的是（　　　）。

A　　　　　B　　　　　C　　　　　D

标准答案：A

8. 左边齿轮向左转，右边齿轮的转动方向是（　　　）。

A　　　　　B　　　　右边齿轮保持不动　　不确定

　　　　　　　　　　　　　　C　　　　　　D

标准答案：B

9. 图中属于链传动的部位是（　　　）。

A. a　　　　　B. b　　　　　C. c　　　　　D. d

标准答案：B

10. 下面能控制电机转动的指令是（　　　　）。

A.

B. 关掉 全部灯 ▼

C. 停止 全部电机 ▼

D. 将 全部灯 ▼ 的颜色设为 红 ▼

标准答案：A

二、实操题（共 25 分）

任务 1：机器人能从基地区出发，并且离开基地区。（5 分）

任务 2：机器人能到达 A 区，并且停止在 A 区（可压线）。（10 分）

任务 3：机器人能够从 A 区再次启动，回到基地区，并且停止在基地区内（可压线）。（10 分）

A 区
基地区

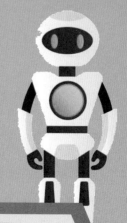

附录 B

青少年编程能力
等级 第3部分 机器人
编程一级节选

1. 标准编号

T/CERACU/AFCEC 100.3—2020。

2. 范围

本文件给出了青少年机器人编程能力的等级及其相关能力要求。

本文件适用于青少年机器人编程能力教学、培训及考核。

3. 规范性引用文件

下列文件中的内容通过文中的规范性引用而构成本文件必不可少的条款。其中，注日期的引用文件，仅该日期对应的版本适用于本文件；不注日期的引用文件，其最新版本（包括所有的修改单）适用于本文件。

GB/T 29802 信息技术学习、教育和培训 测试试题信息模型。

4. 术语和定义

下列术语和定义适用于本文件。

4.1 机器人 Robot

可自动执行工作的可编程的机器装置。

4.2 机器人操作系统 Robot operating system

用于编写机器人软件程序的一种具有高度灵活性的软件架构。

注：机器人操作系统包含了大量工具软件、库代码和约定协议，旨在简化跨机器人平台创建复杂、鲁棒的机器人行为这一过程的难度与复杂度。

4.3 机器人编程 Robot programming

为使机器人完成某种任务而设置的动作顺序描述。机器人运动和作业的指令都是由程序进行控制，常见的编程方法有两种，示教编程方法和离线编程方法。

4.4 图形化编程平台 Visual programming platform

面向青少年学习程序设计的编写程序软件平台。无须编写文本代码，只需要通过鼠标将具有特定功能的代码积木按照规则拼装起来就可以实现编程。

4.5　指令模块 Instruction block

图形化编程平台中预定义的基本程序块或控件。在常见的图形化编程平台通常被称为"积木"。

4.6　活动 Activity

机器人编程软件操作对象，用以创建新的组件、服务、函数或者其他代码模块，只要简单地将一个活动拖至流程图中，打开它就可以组成一个新的组件。

4.7　服务 Service

机器人编程软件操作对象，一个具有标准接口、可以脱离当前程序化环的活动，用以创建新的组件、服务、函数或者其他代码模块。

4.8　变量 Variable

在程序的执行过程中，其值可以变化的量。

4.9　计算 Compute

用来计算数学公式，也可用来从其他组件或者文本框中提取数据。

4.10　数据 Data

在计算机科学中指所有能输入到计算机并被计算机程序处理的符号的介质的总称，具有一定意义的数字、字母、符号和模拟量等的通称。

4.11　程序 Program

实现对应功能的工作流（流程图），可以在计算机上运行。

4.12　工作流 Workflow

用于构建、管理和支持业务（应用）流程，它提供了一种用于人机工作分离的新模式。

4.13　仿真 Simulation

为机器人模型实现现实世界中的物理仿真。

4.14　事件驱动编程 Event-driven programming

一种编程模型。它的程序流程是由事件（通知）来决定的，比如用户动作（鼠标点击和键盘按键按下），传感器输入／输出或者其他线程传来的消息。

4.15　有限状态机 Finite state machine

也称状态图或者状态迁移图，是由有限数量的状态、状态间的迁移和动作组合成的一种行为模型。

4.16 了解 Understand

对知识、概念或操作有基本的认知，能够记忆和复述所学的知识，能够区分不同概念之间的差别或者复现相关的操作。

4.17 掌握 Master

能够理解事物背后的机制和原理，能够把所学的知识和技能正确地迁移到类似的场景中，以解决类似的问题。

4.18 综合应用 Comprehensive application

能够根据不同的场景和问题进行综合分析，并灵活运用所学的知识和技能创造性地解决问题。

4.19 控制算法 The control algorithm

是在机电一体化中，在进行任何一个具体控制系统的分析、综合或设计时，首先应建立该系统的数学模型，确定其控制算法。

4.20 PID 算法 Proportion integral differential

在过程控制中，按偏差的比例（P）、积分（I）和微分（D）进行控制的 PID 控制器（亦称 PID 调节器）是应用较为广泛的一种自动控制器。

4.21 图像处理 Image processing

用计算机对图像进行分析，以达到所需结果的技术，又称影像处理。

4.22 传感器 Transducer/sensor

是一种检测装置，能感受到被测量的信息，并能将感受到的信息按一定规律变换成为电信号或其他所需形式的信息输出，以满足信息的传输、处理、存储、显示、记录和控制等要求。

4.23 命令语句 Command language

指机器人操作系统使用的一种语言。

4.24 节点 Node

在电信网络中，一个节点是一个连接点，表示一个再分发点（redistribution point）或一个通信端点（一些终端设备）。

4.25 类 Linux 操作系统

指以 Linux 内核为基础的，GNU/Linux 操作系统。

示例：red hat Linux、Debian、Ubuntu 均为类 Linux 操作系统。

5. 机器人编程能力等级概述

本文件将基于机器人编程能力划分为四个等级。每级分别规定相应的总体要求及对核心知识点的掌握程度和对知识点的能力要求。本文件第 5、6、7、8 章规定的要求均为机器人编程平台的编程能力要求，不适用于不借助平台仅使用程序设计语言编程的情况。

依据本文件进行的编程能力等级测试和认证，一级、二级、三级使用图形化编程平台，四级使用 C、C++ 或 Python 语言进行编程。应符合相应等级的总体要求及对核心知识点的掌握程度和对知识点的能力要求。

本文件不限定机器人操作系统版本，如 Ubuntu、Debian 等各种版本，以及运行在这些操作系统上的开源 ROS 机器人操作系统。应用案例作为示例和资料性附录给出。由于这些系统是开源的，并且零件是可以自由购买的，所以满足这些需求的成品或者半成品，甚至是自己组装的，都可以。举例如下：

技术参数：

——嵌入式控制器：OpenCR（32-bit ARM® Cortex®–M7）；

——SBC：Raspberry pi 3；

——舵机：Dynamixel 舵机 XM430-W210-T；

——电池续航时间：≥ 2 小时，充电时间约 2 小时 30 分；

——最大平移速度：0.26m/s；

——最大旋转速度：1.82rad/s (104.27deg/s)；

青少年编程能力等级共包括四个级别，具体描述如表 B-1 所示。

表 B-1　青少年编程能力等级划分

等　级	能　力　要　求	能力要求说明
机器人编程一级	掌握基本的机器人编程知识和能力，具备对常用运动机构开环控制能力	了解机器人运动结构；了解机器人操作系统的基本知识；能在图形化机器人编程平台中，学会编程对舵机、电机等机器人常用运动机构进行开环控制
机器人编程二级	具备通过传感器反馈对机器人闭环控制能力	了解 PID 控制算法，学会根据实际需要对 P、I、D 三个参数进行设置；具备通过传感器反馈进行闭环控制的思维能力，会使用一些机器人操作系统框架的现成功能包（库）；能够根据陀螺仪、角度传感器和编码器等传感器件反馈信号，掌握在图形化机器人编程平台中，对舵机、电机等机器人常用运动机构进行闭环控制

续表

等 级	能 力 要 求	能力要求说明
机器人编程三级	具备机器人系统集成编程和应用能力	在机器人操作系统平台中，了解图像处理技术；能根据实际问题，具备机器人集成应用和对实际问题的分析和解决能力。能编写程序利用视觉信息控制机器人
机器人编程四级	具备机器人编程综合设计与创新能力	通过掌握的方案，能够选择出最佳方案应对实际问题；能够在机器人编程、调试中融合多种传感器和算法解决实际问题；了解机器人操作系统下编程，能够脱离图形化编程使用对机器人进行编程。能编写程序通过视觉信息等多传感器信息进行融合，控制机器人

6. 一级核心知识点及能力要求

6.1 综合能力及适用性要求

了解机器人运动结构、了解机器人操作系统的基本知识，在图形化机器人编程平台中，掌握通过编程对舵机、电机等机器人常用运动机构进行开环控制。具体要求见下：

a）要求能够了解机器人的种类，机器人的组成部分，舵机、电机的种类、工作方式，需要了解机器人操作系统相关知识，以及具备简单的逻辑思维能力。

b）要求了解机器人操作系统最基本的命令。

c）要求了解机器人操作系统操作系统，并能对比其与 Windows 系统的差别。

d）动手能力要求：能运用简单的器件搭建可运动的机器人。

e）编程能力要求：能够阅读工作流流程图，理解工作流运行逻辑，并能预测工作运行结果，能够使用基本调试（debug）方法对程序进行调试，规范变量、消息命名的能力。能运用图形化编程利用机器人操作系统平台实现舵机或电机的运动。

f）操作能力要求：熟练掌握图形化编程工具的基本功能，能够创建工程，编写代码，编译代码。能够输入运行机器人操作系统命令。

g）应用能力要求：能够使用图形化编程环境编写简单程序，实现简单功能，例如控制机器人直行或转向等。

6.2 核心知识点能力要求

青少年编程能力等级机器人编程一级包括 15 个核心知识点，具体说明如表 B-2 所示。

表 B-2　机器人编程一级核心知识点及能力要求

编号	名　称	能　力　要　求
1	机器人软硬件系统	
1.1	机器人分类	了解人形机器人、轮式机器人、空中机器人、水中机器人等
1.2	机器人硬件组成	了解并能够表述不同类型机器人的执行部分，了解舵机与电机的区别，并了解舵机与电机的种类及工作方式。掌握运用简单的器件舵机／电机，搭建可以运动的简易机器人
1.3	机器人软件系统	掌握机器人操作系统基本文件操作：能够打开、关闭文件，会使用浏览器
1.4	机器人运动方式	了解机器人的运动方式：基本的轮式运动底盘、万向轮底盘等，履带运动方式，以及四旋翼飞行。了解这些运动方式的优缺点以及各自的应用场景
1.5	机器人与编程平台通信方式	了解机器人与编程平台常见的几种连接方法，并熟练掌握其中一种连接方法
2	编程及算法	
2.1	图形化编程平台的使用	了解图形化编程的概念，掌握图形化编程平台基本功能的使用方法
2.2	机器人编程机制	了解机器人控制程序中通信的概念
2.3	控制结构	掌握通过顺序结构／循环结构的程序控制机器人运动
2.4	程序开发	1. 掌握调试控制程序的观察法。 2. 能够运用图形化编程环境，在机器人操作系统平台上驱动电机、舵机，让机器人能够运动
3	数据分析及反馈	
3.1	数据采集	掌握通过人工参数输入来采集数据。了解参数／角度／随机数的概念，掌握相关参数／角度／随机数的取值范围
3.2	控制信号输出	掌握将人工输入的参数变成控制信号输出到运动控制系统中
4	其他	
4.1	成本与效益	了解解决机器人编程问题的基本流程，能够选择出合适的解决方案
4.2	合作	按照分工角色，实现团队合作完成机器人项目
4.3	安全性	具备基本的安全意识
5	机器人发展对社会的影响	
5.1	文化	熟悉机器人发展的历史，并能列举生活中简单的使用机器人的案例

6.3　标准符合性规定

6.3.1　标准符合性总体要求

课程、教材、实验与能力测试应符合本文件第 5 章的要求，本文件以下内容涉及的"一级"均指本文件第 5 章规定的"一级"。

6.3.2　课程与教材的标准符合性

课程与教材的总体教学目标不低于一级的综合能力要求，课程与教材的内容涵盖一级的核心知识点不低于各知识点能力要求，则认为该课程或教材符合一级标准。

6.3.3　测试标准符合性

青少年机器人编程能力等级一级测试包含了对一级综合能力的测试不低于综合能力要求，测试题均匀覆盖了一级核心知识点并且难度不低于各知识点的能力要求。

6.4　能力测试形式与环境要求

6.4.1　能力测试形式

测试形式为笔试、实操相结合的形式得到综合成绩，通过建立标准化的笔试和实操试题库，笔试部分通过机考方式自动阅卷，实操部分由现场考评员根据知识得分点进行打分，综合成绩由笔试 ×65%＋ 实操 ×35% 构成。

6.4.2　环境要求

环境要求如下：

——图形化软件编程环境：Scratch、Blockly；

——机器人硬件：控制器为例如 STM32 系列等单片机。